図説 港則法

福井　　淡 原著
淺木　健司 改訂

海文堂

はしがき

―改訂17版に当たって―

　本書は，港則法を分かりやすく解説するため，多数のカラー図面を用い，かつ，要点を捉えて平易に逐条的に解説したものであります。

　日本の港は，近時，船舶の大型化・深喫水化・高速化，危険物積載船や外国船舶及びプレジャーボートの増加，ジェットフォイルなどの特殊な船舶の出現，港湾施設や臨海工業施設の整備・拡張などにより，その船舶交通の状況は，過密であり，かつ複雑で，しかも一旦事故を起こすと，大災害を誘発しかねない危険性をはらんだものとなってきています。

　このような情勢にある港内の船舶交通の安全を確保することは，緊要な問題でありますが，法規的には，港則法がその安全を図る大宗であります。

　したがって，航海者は，港則法について，航法をはじめ，危険物，航行管制，水路の保全などの規定を，よく理解して遵守しなければなりません。

　この度の改訂では，前の版以降において関係条項に改正がありましたので，それに即応した新しい内容に書き改めました。

　巻末には，①「港則法施行令」及び②「港則法施行規則」の条文を掲げ，また施行規則第2章に規定する特定港のすべてについてカラー図面を載せました。更に，③港則法に関する理解を深めるため，練習問題として，最近出題された「海技試験問題」（予想問題を含む。）を各章ごとにまとめ，ヒントを見れば解答できるようにしてあります。

　本書が，船務において，あるいは海技試験等の受験においてお役に立ち，船舶の安全運航の一助となれば，著者の喜びこれに過ぎるものはありません。

　　　　令和4年2月11日

　　　　　　　　　　　　　　　　　　　　　　　　著　者

参考文献

⑴　斉藤浄元先生　海難論（日本海事振興会）

⑵　吉田一男先生　航法上における航路の地位について（日本航海学会誌第 38 号）

⑶　林修三先生　法令用語の常識（日本評論社）

⑷　海上保安庁交通部安全課　航行安全指導集録（改訂 36 版）

⑸　各海上保安部，安全対策協議会等　各種の水路・港湾情報

⑹　海上保安庁海洋情報部　水路図誌

⑺　海洋基本計画（閣議決定　平成 20 年 3 月）

⑻　交通政策審議会　新交通ビジョンを踏まえた海上交通の安全確保のための制度改正について（平成 21 年 1 月 23 日）

⑼　第 3 管区海上保安本部　新たな港内交通管制の導入について（東京西航路・東京東航路）（平成 22 年 10 月 1 日変更）

⑽　海上保安庁監修　港則法の解説

⑾　交通政策審議会　船舶交通の安全・安心をめざした第三次交通ビジョンの実施のための制度のあり方について（平成 28 年 1 月 28 日）

⑿　交通政策審議会船舶交通安全をはじめとする海上安全の更なる向上のための取組　（平成 30 年 4 月 20 日）

⒀　交通政策審議会　頻発・激甚化する自然災害等新たな交通環境に対応した海上交通安全基盤の拡充・強化について（令和 3 年 1 月 28 日）

目　次

第1章　総　則

第 1 条	法律の目的 ……………………………………	1
第 2 条	港及びその区域 ………………………………	3
第 3 条	定　義 …………………………………………	4

第2章　入出港及び停泊

第 4 条	入出港の届出 …………………………………	9
第 5 条	びょう地 ………………………………………	10
第 6 条	移動の制限 ……………………………………	17
第 7 条	修繕及び係船 …………………………………	19
第 8 条	係留等の制限 …………………………………	19
第 9 条	移動命令 ………………………………………	20
第 10 条	停泊の制限 ……………………………………	21

第3章　航路及び航法

第 11 条〜第 12 条	航　路 ………………………………	23
第 13 条〜第 19 条	航　法 ………………………………	28

第4章　危険物

第 20 条〜第 22 条	危険物 ………………………………	69

第5章　水路の保全

第 23 条〜第 25 条	水路の保全 …………………………	75

第6章　灯火等

第26条～第28条 ……………………………………………… 79
第29条～第30条　火災警報 ……………………………………… 81

第7章　雑　則

第31条～第34条　工事等の許可及び進水等の届出 ……………… 83
第35条　漁ろうの制限 …………………………………………… 85
第36条　灯火の制限 ……………………………………………… 86
第37条　喫煙等の制限 …………………………………………… 87
第38条～第39条　船舶交通の制限等 …………………………… 88
第40条　原子力船に対する規制 ………………………………… 103
第41条　港長が提供する情報の聴取 …………………………… 104
第42条　航法の遵守及び危険の防止のための勧告 …………… 108
第43条　異常気象等時特定船舶に対する情報の提供等 ……… 109
第44条　異常気象等時特定船舶に対する危険の防止のための勧告 112
第45条　準用規定 ………………………………………………… 114
第46条～第47条　非常災害時における海上保安庁長官の措置等 115
第48条　海上保安庁長官による港長等の職権の代行 ………… 118
第49条　職権の委任 ……………………………………………… 121
第50条　行政手続法の適用除外 ………………………………… 122

第8章　罰　則

第51条～第56条　罰　則 ………………………………………… 125

港則法施行令 …………………………………………………… 131

港則法施行規則 ……………………………………………… 135

海技試験問題 ……………………………………………… 187

【注】「国土交通省令の定める」と「国土交通省令で定める」との相違

　　港則法の法改正においては，従来の「国土交通省令の定める」が「国土交通省令で定める」に改正されているところがある。その改正は，全条文についてではなく，「国土交通省令の定める」の文言のほかに，法改正があった条文に限って，前記のとおり，「の」が「で」に改正された。

　　したがって，従来の「国土交通省令の定める」がそのまま存置されている条文もある。

　　この混在している2つの文言（のとで）は，解釈上疑義を生ずるものではないので，本書の解説においては，2つの文言を統一するため，すべて新しい「国土交通省令で定める」を用いることとした。

　　各条の枠内に示した条文については，すべて法令のとおりとしている。

　　予防法及び海交法は，港則法よりそれぞれ29年後又は24年後に制定されたものであるから，すべて新しい文言（で）が用いられている。

【注】「条文」及び「解説」における漢字及び送り仮名

1．常用漢字や送り仮名は，ときに改正が加えられてきているので，「条文」に用いられている漢字や送り仮名は，一つの法令においても，改正があった場合には，その時期により，条文に新・旧のものが混在している。

　　例えば，次のとおりである。

$\begin{cases} 虞 \\ おそれ \end{cases}$ $\begin{cases} 但し \\ ただし \end{cases}$ $\begin{cases} 行なう \\ 行う \end{cases}$ $\begin{cases} 失なった \\ 失った \end{cases}$ $\begin{cases} 向う \\ 向かう \end{cases}$ $\begin{cases} 附近 \\ 付近 \end{cases}$ $\begin{cases} 当り \\ 当たり \end{cases}$

2．本書は，「解説」においては，できる限り，常用漢字及び改定送り仮名の付け方によった。ただし，海事用語の舷や舵，曳航などは常用漢字にないが，本書では漢字を用いた。

港則法

$$\binom{\text{昭和23年7月15日 法律 第174号}}{\text{最近改正 令和3年6月2日 法律 第53号}}$$

第1章 総 則

第1条 法律の目的

> **第1条** この法律は，港内における船舶交通の安全及び港内の整とんを図ることを目的とする。

§1-1 港則法の目的（第1条）

　本条は，次のとおり本法の目的を定めたもので，本法を解釈し，又は運用する場合における一定の基準を示したものである。

(1) 港内における船舶交通の安全を図ること。

(2) 港内の整とんを図ること。

◆ 港内における船舶交通の安全を図るのは，港内は船舶交通がふくそう（輻輳）して危険が発生しやすいので，その危険を予防するためである。
　「船舶交通」とは，船舶の航行だけでなく，錨泊，係留等を含んだ広い意味の交通である。

◆ 港内の整とんを図るのは，港の機能を円滑に高度に発揮させるためである。

§1-2 港則法と海上衝突予防法との関係

(1) 特別法優先（予防法第41条第1項）

　港則法は，海上衝突予防法（以下「予防法」と略する。）第41条第1項に規定するとおり，衝突予防に関する事項については，海上交通安全法（以下

2　　　　　　　　　　　　　　港則法

「海交法」と略する。）と共に予防法の特例であるから，予防法と港則法との
関係は，一般法と特別法との関係にある。特別法は一般法に優先するから，
港則法が予防法に優先して適用される。したがって，

(1)　港則法と予防法との規定が異なる場合や相反する場合が生じたとき
は，当然，港則法の規定が適用される。

(2)　港則法に規定されていないものについては，一般法である予防法の規
定が補充的に適用される。

(2) 港則法の航法等への予防法の規定の適用又は準用 （予防法第 40 条）

　前述のとおり，港則法の適用水域において港則法に規定されていないこと
については，当然，予防法の規定が補充的に適用されるのであるが，予防法
第 40 条の規定は，予防法の規定が次のとおり港則法の航法等に関する事項
に適用又は準用されることを明示している。

港則法において定められた事項	適用又は準用される予防法の規定	
航法に関する事項	第 16 条（避航船） 第 17 条（保持船）	適 用
灯火又は形象物の表示に関する事項	第 20 条（灯火・形象物の表示）	
信号に関する事項	第 34 条（操船信号） 第 36 条（注意喚起信号）	
運航に関する事項	第 38 条（切迫した危険のある特殊な状況） 第 39 条（注意等を怠ることについての責任）	準 用
避航に関する事項	第 11 条（互いに他の船舶の視野の内にある船舶に適用）	

　これらの予防法の規定には「この法律に規定する……」，「この法律の規定
により……」などの限定的な文言があるため，港則法の航法等に関する事項
に適用・準用されるのかどうかについて，従来ややもすると疑義を生じる場
合があったが，予防法第 40 条の規定は，それを解消するものである。

　◆　例えば，港則法は，同法第 13 条第 1 項に「航路外から航路に入り，
又は航路から航路外に出ようとする船舶（A船）は，航路を航行する他
の船舶（B船）の進路を避けなければならない。」と規定し，A船の避

航義務を定めているが，航路を航行している他の船舶（B船）については，なんら規定していない。

　したがって，他の船舶（B船）については，一般法である予防法の規定が適用又は準用されるが予防法第40条の規定は，この点について次のことを明示している。（図1・1）

① 港則法のこの規定は「航法に関する事項」であるから，B船には予防法第17条（保持船）の規定が適用される。したがって，B船は保持船の動作をとらなければならない。

② 港則法のこの規定は，「避航に関する事項」であるから，予防法第11条の規定が準用され，互いに他の船舶の視野の内にある場合にのみ適用されるものである。したがって，霧中等でA船とB船が互いに視覚によって他の船舶を見ることができない場合には，港則法第13条第1項は適用されない。

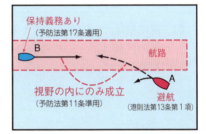

図1・1　予防法の規定の適用・準用

第2条　港及びその区域

第2条　この法律を適用する港及びその区域は，政令で定める。

§1-3　港及びその区域（第2条）

　港則法の適用港及びその区域は，「政令」すなわち港則法施行令（以下「施行令」又は「令」と略する。）第1条・別表第1に定められている。

4　　　　　　　　　　　　港則法

具体例

施行令・別表第1（令第1条関係）　　　　　　　　　　　　（港及びその区域）

都道府県	港　名	港の区域
福井県	内　浦	（略）
	和　田	（略）
	小　浜	二児島崎から波懸鼻まで引いた線及び陸岸により囲まれた海面
	敦　賀	（略）
	福　井	（略）

◆　適用港は，500港（令和4年2月11日現在）ある。

　　港の区域は，上記の別表のほか，海図に港界（ハーバー・リミット）が記載されている。

第3条　定　義

> **第3条**　この法律において「汽艇等」とは，汽艇（総トン数20トン未満の汽船をいう。），はしけ及び端舟その他ろかいのみをもって運転し，又は主としてろかいをもって運転する船舶をいう。
>
> **2**　この法律において「特定港」とは，喫水の深い船舶が出入できる港又は外国船舶が常時出入する港であって，政令で定めるものをいう。
>
> **3**　この法律において「指定港」とは，指定海域（海上交通安全法（昭和47年法律第115号）第2条第4項に規定する指定海域をいう。以下同じ。）に隣接する港のうち，レーダーその他の設備により当該港内における船舶交通を一体的に把握することができる状況にあるものであって，非常災害が発生した場合に当該指定海域と一体的に船舶交通の危険を防止する必要があるものとして政令で定めるものをいう。

§1-4 汽艇等の定義（第3条第1項）

「汽艇等」とは，次の船舶をいう。

(1) 汽艇

これは，総トン数20トン未満の汽船をいう。交通艇，綱取ボートなどが，これに該当する。一般に港内又は港の境界付近に限り航行することが多いが，ほとんどを港外で行動するプレジャーボートや漁船であっても，総トン数20トン未満であって港内を航行するときは汽艇である。

(2) はしけ

これは，港内又は港の境界付近で停泊船と陸岸との間の貨物の運搬などに用いられる無動力かあるいは多少の動力を持っている船舶のことである。

(3) 端舟その他ろかいのみをもって運転し，又は主としてろかいをもって運転する船舶

これは，小型のボートその他ろやかい（オール）を用いて運転し，又は主としてろやかいを用いて運転する船舶のことである。端艇，伝馬船などが，これに該当する。

◆ 汽艇等は，港内が船舶でふくそうする特殊な水域であることから，これを一般船舶と同一に取り扱うことは，港内の船舶交通の安全及び港内の整とん上好ましくないので，港則法において特別に設けられた船舶の種類である。

汽艇等は，航法上他の船舶に対して避航義務を課せられているほか，入出港，係留，曳航などについて，一般船舶と異なる取扱いを受けることになる。（後述§3-17）

【注】従来「雑種船」と呼ばれていたものは，法改正（平成28年5月18日改正，同年11月1日施行）により「汽艇等」に名称変更されるとともに，「汽艇」の対象がより明確になった。

§1-5 特定港の定義（第2項）

「特定港」とは，次のいずれかの条件を備えているものであって，政令（施行令第2条・別表第2）で定める港をいう。

(1) 喫水の深い船舶が出入できる港

(2) 外国船舶が常時出入する港

図1・2 特定港

第1章　総　則（第3条）　　7

具体例

施行令・別表第2（令第2条関係）（特定港）

都道府県	特定港
香川県	坂出，高松
愛媛県	松山，今治，新居浜，三島川之江

◆　特定港には，港長が置かれている。

◆　特定港（令・別表第2）は，図1・2に示すとおりである。特定港は，87港（令和4年2月11日現在）ある。

§1-6　指定港の定義（第3項）

「指定港」とは，次の(1)及び(2)のいずれにも該当する港であって，大津波の発生，大型タンカーからの大量の危険物流出，大規模火災等の非常災害が発生した場合に，船舶を迅速かつ円滑に安全な海域に避難させること等により，海交法に規定する指定海域と一体的に船舶交通の危険を防止する必要があるものとして，政令（施行令第3条・別表第3）で定めるものをいう。

(1)　海上交通安全法第2条第4項に規定する指定海域に隣接する港

(2)　レーダーその他の設備により港内における船舶交通を一体的に把握することができる状況にある港

◆　指定海域として，現在のところ東京湾における海交法適用海域が定められている。（海交法施行令第4条）

施行令・別表第3（令第3条関係）

都道府県	指定港
千葉県	館山，木更津，千葉
東京都 神奈川県	京浜
神奈川県	横須賀

◆　指定港及び指定海域は，船舶交通を一体的に把握できる状況にあるため，平時においても信号待ちや渋滞の緩和が図られ，安全かつ効率的な運航につながる。具体的には，従来，港則法の水路及び海交法の航路において別個に行っていた交通管制を一元的に行うことで，それらの入り

口付近に船舶が集中する状況を回避したり，実際の運航状況に応じて港内の信号を柔軟に切り換えたりするものである。

図1・3　指定港及び指定海域

第 2 章　入出港及び停泊

第 4 条　入出港の届出

> **第 4 条**　船舶は，特定港に入港したとき又は特定港を出港しようと
> するときは，国土交通省令の定めるところにより，港長に届け出
> なければならない。

§2-1　入出港の届出（第 4 条）

本条は，入出港（特定港）の届出について定めたものである。

港長への届出は，「国土交通省令」すなわち港則法施行規則（以下「施行
規則」又は「則」と略する。）に，次のとおり（要旨）定められている。

(1) 入出港の届出の区分

入出港の届出は，次の区分により行わなければならない。（則第 1 条）

(1)　① 　特定港に入港したときは，遅滞なく，入港届を提出する。

　　② 　特定港を出港しようとするときは，出港届を提出する。

(2)　特定港に入港した場合において，出港の日時があらかじめ定まってい
るときは，入出港届を提出してもよい。

(3)　(2)の入出港届の提出後に，出港の日時に変更があったときは，遅滞
なく，その旨を届け出る。

(4)　特定港内に操業などの本拠を有する漁船は，1 月間の予定など所定の
事項を記載した書面を提出してもよい。

(5)　避難その他船舶の事故などによるやむを得ない事情で特定港に入港又
は出港をしようとするときは，(1)～(3)の届出に代えて，その旨を港長
に届け出てもよい。（例えば，VHF 無線電話で届け出る。）

◆ 　「遅滞なく」とは，正当な理由で遅滞するのは許されるが，届け出る
ことが可能な場合には猶予することなくとの意味である。

◆ 　前記の各届の記載事項は，施行規則第 1 条に定められている。

10 港則法

(2) 入出港の届出を要しない船舶

入出港の届出を要しない船舶は，次のとおりである。（則第2条，第21条）
(1) 総トン数20トン未満の船舶及び端舟その他ろかいのみをもって運転
し，又は主としてろかいをもって運転する船舶
(2) 平水区域を航行区域とする船舶
(3) 旅客定期航路事業に使用される船舶であって，港長の指示する入港実
績報告書及び一定の書面を提出しているもの（則第2条）
(4) あらかじめ港長の許可を受けた船舶（則第21条第1項）
◆ 「あらかじめ港長の許可を受けた船舶」とは，例えば，一定の港を基
地とする特殊な船舶などで，前もって港長の許可を受けたものである。

第5条　びょう地

第5条　特定港内に停泊する船舶は，国土交通省令の定めるところ
により，各々そのトン数又は積載物の種類に従い，当該特定港内
の一定の区域内に停泊しなければならない。
2　国土交通省令の定める船舶は，国土交通省令の定める特定港内
に停泊しようとするときは，けい船浮標，さん橋，岸壁その他船
舶がけい留する施設（以下「けい留施設」という。）にけい留する
場合の外，港長からびょう泊すべき場所（以下「びょう地」とい
う。）の指定を受けなければならない。この場合には，港長は，特
別の事情がない限り，前項に規定する一定の区域においてびょう
地を指定しなければならない。
3　前項に規定する特定港以外の特定港でも，港長は，特に必要が
あると認めるときは，入港船舶に対しびょう地を指定することが
できる。
4　前二項の規定により，びょう地の指定を受けた船舶は，第1項
の規定にかかわらず，当該びょう地に停泊しなければならない。
5　特定港のけい留施設の管理者は，当該けい留施設を船舶のけい
留の用に供するときは，国土交通省令の定めるところにより，そ

第2章　入出港及び停泊（第5条）　　11

の旨をあらかじめ港長に届け出なければならない。

6　港長は，船舶交通の安全のため必要があると認めるときは，特定港のけい留施設の管理者に対し，当該けい留施設を船舶のけい留の用に供することを制限し，又は禁止することができる。

7　港長及び特定港のけい留施設の管理者は，びょう地の指定又はけい留施設の使用に関し船舶との間に行う信号その他の通信について，互に便宜を供与しなければならない。

§2-2　特定港の一定の区域内に停泊（第5条第1項）

　第5条第1項は，特定港は船舶がふくそうするので船舶交通の安全と港内の整とんを図るため，一定の区域内に停泊することを定めたものである。

　「一定の区域」すなわち「港区」及びその港区に「停泊すべき船舶」は，国土交通省令（施行規則第3条・別表第1）に定められている。（図2・1）

具体例

施行規則・別表第1（則第3条関係）　　　　　　　　　　　　　　　（港区）

港の名称	港　区	境　界	停泊すべき船舶
坂　出 （図2・1）	第1区	北緯34度20分12秒の緯度線以南の港域内海面	各種船舶及び係留施設に係留する場合における危険物を積載した船舶。ただし，汽艇等は，沿岸付近に限る。
	第2区	第1区を除いた港域内海面	各種船舶及び危険物を積載した船舶

（備考）　各種船舶とは，危険物を積載した船舶以外の船舶をいう。

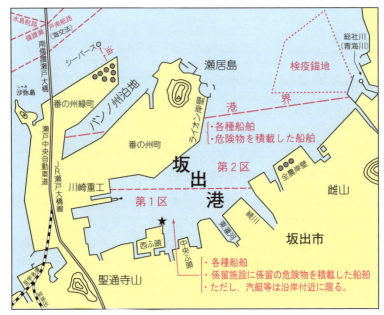

図2・1　一定の港区内に停泊（特定港）

◆　本法でいう「停泊」の意味は，錨泊をし，又は係留施設（係船浮標を含む。）に係留をする（第2項，第5項）ことである。予防法の「錨泊」と「陸岸係留」とを合わせたものに当たる。

§2-3　錨地の指定（第2項〜第4項）

　第5条第2項〜第4項は，「国土交通省令で定める特定港」においては一定の大きさ以上の船舶（係留施設に係留する場合を除く。）は錨地の指定を受けなければならないことなどを定めたものである。
　この規定を設けたのは，「国土交通省令で定める特定港」は特に船舶がふくそうするので，できるだけ多くの船舶を効率良く入出港させるためには，第1項の「一定の区域内に停泊すること」の規定のみでは十分でなく，港内の整とんを一段ときめ細かく行う必要があるからである。

(1) 国土交通省令で定める特定港における錨地指定（第2項）

　錨地の指定を受けなければならない船舶及び錨地を指定される国土交通省

令で定める特定港は，次のとおりである。

この錨地は，特別な事情がない限り，第1項の停泊区域内に指定される。

① 国土交通省令で定める船舶……総トン数500トン（関門港若松区においては，総トン数300トン）以上の船舶（阪神港尼崎西宮芦屋区に停泊しようとする船舶を除く。）（則第4条第1項）

【注】港長は，特に必要があると認めるときは，これらの船舶以外の船舶に対しても錨地を指定することができることになっている。（則第4条第2項）

② 国土交通省令で定める特定港……京浜港，阪神港，関門港（3港）（則第4条第3項）

(2) 国土交通省令で定める特定港以外の特定港における錨地指定（第3項）

前記②の「国土交通省令で定める特定港」以外の特定港でも，港長は特に必要があると認めるときは，入港船舶に対し錨地を指定することができる。

(3) 港長の錨地指定権の優先（第4項）

錨地は，特別な事情がある場合，第1項に定める港区と異なるところに指定されることがあるが，その場合は，第1項の規定にかかわらず，港長の錨地指定権が優先するので，船舶はその指定錨地に停泊しなければならない。

§2-4　係留施設への係留（第5項〜第6項）

第5条第5項〜第6項は，錨泊ではなく，係留施設への係留について定めたものである。

(1) 係留施設の管理者の港長への届出（第5項）

第5条第5項は，特定港の係留施設の管理者は，係留施設を使用するときは，国土交通省令で定めるところにより，港長に届け出なければならないことを定めたものである。

同管理者は，国土交通省令で定めるところにより，総トン数500トン（関門港若松区においては総トン数300トン）以上の船舶を係留の用に供するときは，一定の場合（一定の書面（則第1条第4項又は第2条第3号）を港長に提出している場合やあらかじめ港長の許可を受けた場合）を除き，次の事項をあらかじめ港長に届け出なければならない。

① 係留施設の名称

14　　港則法

②　係留の時期又は期間
③　船舶の国籍，船種，船名，総トン数，長さ及び最大喫水
④　揚荷又は積荷の種類及び数量
（則第4条第4項〜第5項，第21条）

◆　係留施設の管理者には，地方公共団体や私企業体がなっている。例え
ば，阪神港神戸区では，神戸市が係船浮標や岸壁の多くを管理し，私設
の岸壁など一部の係留施設を私企業体が管理している。

◆　港長は，錨泊船（錨地指定の特定港）については自身が指定すること
により，一方，係留船については管理者が港長に届け出ることによって
入港船舶を予知することができ，かつ船舶から入出港の届出（第4条）
を受けることにより，港内のどこに，どんな船舶がいつからいつまで停
泊しているかなど，港内の停泊船の状況を把握することができる。

(2) 係留施設の使用制限（第6項）

港長は，船舶交通の安全のため，特定港の係留施設の管理者に対し，係留
施設の使用を制限し，又は禁止する権限が与えられている。

§2-5　錨地指定等の通信に係る港長・管理者間の便宜供与
（第7項）

第5条第7項は，錨地の指定又は係留施設の使用に関する通信は，信号，
無線通信などによって行われるが，港長と係留施設の管理者とが別個にその
信号所を設けたりすることは無駄であり，また船舶にとっても煩雑なことで
あるので，これらの通信について互いに便宜を供与しなければならないこと
を定めたものである。

§2-6　第5条（錨地）に関する告示

第5条（錨地）に関して，施行規則第5条第1項及び第2項は，①係留施
設の使用に関する私設信号及び②船舶と港長との間の無線通信による連絡に
ついて定め，同条第3項に基づいて，次に掲げる告示が定められている。

(1) 係留施設の使用に関する私設信号
（平成7年海上保安庁告示第34号，最近改正令和元年同告示第38号）

この告示は，係留施設の使用に関する「指示信号」及び船舶の「応答信

第2章　入出港及び停泊（第5条）　　15

号」（告示・別表），並びに指示信号を受けるべき船舶及び指示信号を発する場所（同別表の「備考」欄）を定めたものである。

具体例

告示・別表
和歌山下津港（抄）

指　示		応答信号	備　考
信　号	信　文		
指・D・2	日本製鉄LPG専用桟橋に係留せよ。	回・D・2	指示信号は，日本製鉄和歌山製鉄所の係留施設に係留する船舶に対し，和歌山北港日本製鉄信号所において発するもの
係・A	日本製鉄係船岸壁Aに係留せよ。	2代・A	
係・B	日本製鉄係船岸壁Bに係留せよ。	2代・B	

【注】1．別表において「指」，「係」及び「離」とあるのは，それぞれ指示旗，係岸旗及び離岸旗を示す。これらの旗の様式は，次のとおりである。（告示第3項）

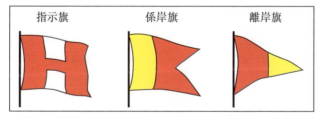

2．信号は，旗を用いるほか，一部に灯火，形象物，電光表示盤などを用いるものがある。

(2) **船舶と港長との間の無線通信による連絡に関する告示**
　　（昭和44年海上保安庁告示第205号，最近改正平成31年同告示第21号）

　この告示は，船舶が，次に掲げる連絡事項（要旨）に関し，港長（一定の港）と超短波無線電話（VHF無線電話）により連絡することについて定めたものである。

16 港則法

1．連絡事項（要旨）

（イ）入港通報に関すること。
（ロ）避難その他船舶の事故等のやむを得ない事情に係る入港又は出港をしようとするときの届出に関すること。
（ハ）錨地の指定に関すること。
（ニ）海難を避けようとする場合その他やむを得ない事由のある場合に移動したときの届出に関すること。
（ホ）航行管制に関すること。
（ヘ）危険物積載船舶に対する指揮に関すること。
（ト）港内又は港の境界付近において発生した海難に関する危険予防のための措置の報告に関すること。
（チ）航路障害物の発見及び航路標識の異常の届出に関すること。
（リ）①検疫法（第6条）に基づく通報及び②植物防疫法（第8条）・家畜伝染病予防法（第40条～第41条）に基づく検査等に係る通報に関すること。

2．連絡の方法（略）

【注】従来「夜間入港の制限」について規定されていたが，平成17年11月1日に廃止された。その理由は，現今においては，船舶設備の性能が向上するとともに，航路標識，岸壁などが整備されてきたため，及び港の活性化を図るために，夜間入港を法で規制することを廃止したものである。

しかし，夜間は，昼間と異なり，依然として周囲の状況・他船の動静の十分な把握は視覚のみでは難しいので，運航者及び関係者は，そのことについて十分に注意を払い，安全な運航を心掛けなければならない。

第6条　移動の制限

第6条　汽艇等以外の船舶は，第4条，次条第1項，第9条及び第22条の場合を除いて，港長の許可を受けなければ，前条第1項の規定により停泊した一定の区域外に移動し，又は港長から指定されたびょう地から移動してはならない。ただし，海難を避けよう

第2章　入出港及び停泊（第6条）　　17

> とする場合その他やむを得ない事由のある場合は，この限りでない。
>
> 2　前項ただし書の規定により移動したときは，当該船舶は，遅滞なくその旨を港長に届け出なければならない。

§2-7　移動の制限（第6条）

　本条は，船舶が特定港において停泊した一定の区域又は港長から指定された錨地から勝手に移動すると，港長は港内の交通状況を把握できず，また，入港船は停泊作業に混乱が生じ，船舶交通の安全と港内の整とんに支障を与えるので，汽艇等以外の船舶に対し，特定港においては，原則として，移動を禁止したものである。

(1) 移動の制限（第1項）

　1．移動の禁止（第1項本文規定）

　　汽艇等以外の船舶は，次に掲げる場合を除いて，港長の許可を受けなければ，特定港において停泊した一定の港区又は港長から指定された錨地から移動してはならない。

　(1)　出港の届出をした場合（第4条）

　(2)　修繕又は係船の届出をした場合（第7条第1項）

　(3)　港長から移動を命ぜられた場合（台風時の退避命令など。）（第9条）

　(4)　危険物の荷役又は運搬の許可を受けた場合（第22条）

　2．移動することができる場合（第1項ただし書）

　　前記の移動の禁止は，次に掲げる場合は，この限りでない。つまり，移動することができる。

　(1)　海難を避けようとする場合

　(2)　その他やむを得ない事由がある場合（例えば，人命を救助する場合）

【注】本条規定中の「この限りでない」という用語は，その前に出てくる本文規定の全部又は一部の適用を打ち消す意味に用いられる。単に，消極的に，その前に出てくる本文規定を打ち消すだけのものである。

(2) 海難を避けようとする場合等で移動したときの届出 （第2項）

　港長の許可を受ける時間的な余裕がなく，前記の第1項ただし書規定により移動したときは，当該船舶は，事後遅滞なく，その旨を港長に届け出なければならない。

第7条　修繕及び係船

> **第7条**　特定港内においては，汽艇等以外の船舶を修繕し，又は係船しようとする者は，その旨を港長に届け出なければならない。
> **2**　　修繕中又は係船中の船舶は，特定港内においては，港長の指定する場所に停泊しなければならない。
> **3**　　港長は，危険を防止するため必要があると認めるときは，修繕中又は係船中の船舶に対し，必要な員数の船員の乗船を命ずることができる。

§2-8　修繕及び係船 （第7条）

　修繕中又は係船中の船舶は安全に運航することができない状態にあるから，本条はそのような船舶に対して，船舶交通の安全及び港内の整とんの観点から，次の事項の遵守を定めたものである。

(1)　特定港においては，汽艇等以外の船舶の修繕又は係船は，港長に届け出ること。（第1項）

(2)　特定港においては，港長の指定する場所に停泊すること。（第2項）

(3)　港長は，危険防止のため，必要があると認めるときは，必要な員数の船員の乗船を命ずることができること。（第3項）

◘　「修繕」とは，船舶が急に動かなければならないときに，運航に支障を来たす程度の工事・作業のことである。例えば，外板の取替え工事や主機の分解修理のような場合である。

◘　「係船」とは，船舶安全法（第2条，同法施行規則第2条・第41条）の規定により船舶検査証書を管海官庁に返納して船舶を航行の用に供しないことである。

第2章　入出港及び停泊（第9条）　　19

第8条　係留等の制限

> **第8条**　汽艇等及びいかだは，港内においては，みだりにこれを係船浮標若しくは他の船舶に係留し，又は他の船舶の交通の妨げとなるおそれのある場所に停泊させ，若しくは停留させてはならない。

§2-9　係留等の制限（第8条）

　汽艇等は港内に多数存在して頻繁に往来するものであり，また，いかだ（筏）は広い水面を占めるものであるから，これらが，もしみだりな行動をすると，航洋船の港内における航行や停泊に多大の支障を与えることになる。よって本条は，汽艇等及びいかだに対し，すべての港則法の適用港において，係留等を制限するため，次の事項を遵守することを定めたものである。

(1)　みだりに係船浮標又は他の船舶に係留してはならない。

(2)　みだりに他の船舶の交通の妨げとなるおそれのある場所に停泊させ，又は停留させてはならない。

◆　「みだりに」という条件付であるが，これは当然船舶交通の安全と港内の整とんを図る観点から，そのときの港内の事情を勘案して判断されるべきである。

◆　「停留」とは，予防法でいう「航行中」の1つの状態で，船舶が錨泊をし，陸岸に係留をし，又は乗り揚げていない状態のうち一時的に留まるために速力を持たないでいるときのことである。この用語は，予防法にはなく，本法及び海交法において，特に用いられているものである。

第9条　移動命令

> **第9条**　港長は，特に必要があると認めるときは，特定港内に停泊する船舶に対して移動を命ずることができる。

§2-10　移動命令（第9条）

　本条は，海難を未然に防止するために，特定港内の停泊船舶に対する港長

20　　　　　　　　　　　　港則法

の移動命令権を定めたものである。

◆　港長が特定港内の停泊船舶に対して移動を命ずることができる「特に
　必要があると認めるとき」とは，次のようなときである。
　　①　台風の接近する公算が大であるため，船舶を港外に退避させる必
　　　要があると認めるとき。
　　②　火災発生の船舶を他の船舶や係留施設などから隔離する必要があ
　　　ると認めるとき。
　　③　津波警報が発せられたため，船舶が港内に停泊していることが危
　　　険であると認めるとき。
【注】本条の規定は，第45条（準用規定）により，特定港以外の港に準用される。

第10条　停泊の制限

第10条　港内における船舶の停泊及び停留を禁止する場所又は停
　泊の方法について必要な事項は，国土交通省令でこれを定める。

§2-11　停泊の制限（第10条）

　さきの第8条は汽艇等及びいかだに対しての「係留等の制限」について規
定したものであるが，本条は，船舶全般に対して「停泊の制限」について必
要な事項を国土交通省令に委任することを定めたものである。
　国土交通省令（施行規則）は，本条に基づいて停泊の制限について，次の
事項を定めている。

(1) 錨泊又は停留の制限場所（則第6条）

　船舶は，港内においては，次に掲げる場所にみだりに錨泊又は停留しては
ならない。
　（1）　ふとう，さん橋，岸壁，係船浮標及びドックの付近
　（2）　河川，運河その他狭い水路及び船だまりの入口付近

(2) 暴風雨が来るおそれのあるとき等の準備（則第7条）

　港内に停泊する船舶は，異常な気象又は海象により，当該船舶の安全の確保

に支障が生ずるおそれがあるときは，次に掲げる準備をしなければならない。
- (1) 適当な予備錨を投下する準備
- (2) 停泊船舶が汽船である場合は，更に蒸気の発生その他直ちに運航できる準備

(3) 錨泊の方法（則第36条）

関門港の錨泊の方法

港長は，必要があると認めるときは，関門港内に錨泊する船舶に対し，双錨泊を命ずることができる。（則第36条）

◆ 双錨泊について定めているのは，現在，関門港のみである。

双錨泊を定めているのは，錨泊船の振れ回りを小さくすることにより，船舶のふくそうする狭い同港における船舶交通の水域を確保し安全を図るためである。

(4) 錨泊等の制限（則第23条，第26条，第42条，第48条，第49条）

次に掲げる港においては，一定の海面・水面において，海難を避ける等の場合を除いて，錨泊し，又は曳航している船舶その他の物件を放すことを禁止している。

鹿島港，京浜港，高松港，細島港，那覇港

具体例

船舶は，京浜港川崎第1区及び横浜第4区においては，次に掲げる場合を除いては，錨泊し，又は曳航している船舶その他の物件を放してはならない。
- (1) 海難を避けようとするとき。
- (2) 運転の自由を失ったとき。
- (3) 人命又は急迫した危険のある船舶の救助に従事するとき。
- (4) 法第31条の規定による港長の許可を受けて工事又は作業に従事するとき。

（則第26条）

(5) 停泊の制限（則第25条，第30条，第34条，第47条）

次に掲げる港においては，一定の海面・水面において，はしけや船舶を他の船舶又は岸壁等に係留中の船舶の船側に係留するときの縦列の数を制限し，あるいは可航幅を確保するため船舶やいかだの停泊・停留する水域を制

限したり，船舶を他の船舶の船側に係留することを禁止することなどを定めている。

京浜港，阪神港，尾道糸崎港，細島港

具体例
(1) 京浜港川崎第1区及び横浜第4区においては，はしけを他の船舶の船側に係留するときは，2縦列を超えてはならない。(則第25条第3号)
(2) 阪神港大阪区河川運河水面（一定の線から上流の港域内の河川及び運河水面）においては，船舶は，両岸から河川幅又は運河幅の4分の1以内の水域に停泊し，又は係留しなければならない。(図2・2)(則第30条第1項)
(3) 阪神港神戸区防波堤内において，はしけを岸壁，桟橋又は突堤に係留中の船舶の船側に係留するときは2縦列を，その他の船舶の船側に係留するときは3縦列を超えてはならない。(則第30条第2項)
(4) 尾道糸崎港第3区においては，船舶を岸壁又は桟橋に係留中の船舶の船側に係留してはならない。
(則第34条)
【注】あらかじめ港長の許可を受けた場合については，上記の(2)，(3)及び(4)の規定は，適用しない。(則第21条第2項)

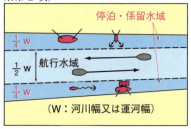

図2・2 停泊の制限（阪神港大阪区河川運河水面）

【注】NACCSによる電子申請手続きについて
　　第4条の入出港の届出など港則法で定める一定の届出・申請・願・通報は，インターネットを利用した電子手続きによっても行うことができる。当初は，海上保安庁及び港湾管理者等，船舶の入出港に関係する複数の行政機関に対する申請や届出等の手続きを，一度の入力・送信で同時に可能にした港湾EDI（Electronic Data Interchange）システムとして運用されたが，平成20年に，海上貨物の通関等情報処理システムであった旧Sea-NACCSと統合した。その後，Sea-NACCSは，航空貨物を対象としたAir-NACCSと統合し，更に検疫等も含めた関係省庁の申請窓口を一元化したシステムになり，現在はNACCS（Nippon Automated Cargo and Port Consolidated System）として運用されている。同システムは，業務の簡素化・効率化・迅速化を図るもので，多くの関係者の利用が望まれている。

第3章　航路及び航法

第11条〜第12条　航　路

> **第11条**　汽艇等以外の船舶は，特定港に出入し，又は特定港を通過するには，国土交通省令で定める航路（次条から第39条まで及び第41条において単に「航路」という。）によらなければならない。ただし，海難を避けようとする場合その他やむを得ない事由のある場合は，この限りでない。

§3-1　航路による義務（第11条）

　本条は，船舶交通がふくそうする一定の特定港には，(1)船舶の通路として航路を設けることを定め，また，(2)せっかく設けた航路を船舶が通らず，思い思いの進路をとれば狭い港内で各船の進路が複雑に交差し，いたずらに危険な見合いを生じさせることになるので，船舶交通の安全を図るため，汽艇等以外の船舶に対し，①特定港に出入し，又は②特定港を通過するには，原則として，航路によらなければならない義務を課したものである。

　【注】「原則として，航路によらなければならない」と述べたのは，航路による義務は，ただし書規定により，海難を避けようとする場合等は，この限りでないと定められており，例外があるからである。

(1)　国土交通省令で定める航路（本文規定）

　国土交通省令（施行規則第8条・別表第2）は，港の名称，航路の区域及び特定条件について定めている。

24　　　　　　　　　　　　港則法

具体例

施行規則・別表第2（則第8条関係）（航路）

港の名称		航路の区域	特定条件
千　葉 （図3・1）	千葉航路	（略）	
	市原航路	（略）	
	姉崎航路	千葉灯標から202度7,350メートルの地点（以下C地点という。）から325度1,500メートルの地点まで引いた線とC地点から247度370メートルの地点から322度1,430メートルの地点まで引いた線との間の海面	総トン数1,000トン未満の船舶は，本航路によらないことができる。
	椎津航路	（略）	

【注】　図3・1において，「管制水路」とは，第38条（船舶交通の制限等）の規定により航行管制が行われている国土交通省令で定める水路のことである。（§7-8）

◆　　特定港を「出入する」とは，出港し，又は入港することだけでなく，港内に停泊している船舶が港内を移動するときの出入も含んだものである。

◆　　「通過する」とは，例えば，関門港（関門海峡）を瀬戸内海から玄海灘へ通り抜ける場合である。

◆　　航路は，現在，特定港87港のうち半数近くの港に設けられている。港によっては2つ以上の航路が設けられており，例えば，関門港には8つの航路が設けられている。

　　航路は，施行規則第8条・別表第2のほか，海図にも記載されている。

　　航路の区域は，港区（第5条第1項）と重複しないように定められている。すなわち，港区から航路を除いている。（則第3条・別表第1）

◆　　航路の特定条件は，上記の表（千葉港）の右欄のように，船舶の大きさ等によって航路によらないことができる等の条件を定めたものである。特定条件の付いている航路が存在する特定港は，現在，青森（総トン数500トン未満の船舶は，本航路によらないことができる。）及び千葉（上記の具体例）の2港のみである。（則第8条・別表第2参照）

第3章 航路及び航法（第11条） 25

図3・1 国土交通省令で定める航路（航路）（千葉港）

(2) 汽艇等以外の船舶の航路による義務（本文規定）

　汽艇等以外の船舶は，特定港に出入し，又は特定港を通過するには，航路

によらなければならない。

- 「航路による」とは，航路の1つの出入口から入り，他の出入口から出て航路の全部を通るか，又は航路の側方の外側に停泊場所があるような場合には，安全であり，かつ実行に適する範囲において，航路の一部を通ることである。

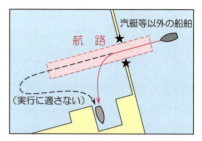

図3・2　航路の途中における出入

図3・2のように，航路の側方の外側の岸壁に係留しようとする場合に航路の出入口を出てから大きく迂回して係留するのは，かえって船舶交通の安全を損なうもので，航路の一部を通ればよい。

- 航路に入る場合の注意事項
  ① 航路の出入口から航路に入る場合は，出入口から相当の距離を隔てたところから航路の方向に向かう態勢で入るべきで，出入口近くで大角度の転針を行って入るようなことは，グッド・シーマンシップとはいえない。
  ② 航路の側方から航路に入る場合は，航路に入ろうとすることが他の船舶に分かるように，また航路内で大角度の転針をしなくても航路の方向に向かえるように，航路に対しできる限り小さい角度で入るべきである。
  　これは，予防法第10条（分離通航方式）第2項第3号ただし書規定と同じ趣旨である。
- 汽艇等は，航路による義務がない。航路を通っても差支えないわけであるが，航路が汽艇等以外の船舶の往来で混んでいるような場合や大型の船舶が航路を通っているような場合には，付近の状況にもよるが，むしろ航路を通らない方が好ましいといえよう。

(3) **航路によらないことができる場合**（ただし書規定）

前記の航路による義務は，次に掲げる場合は，この限りでない。つまり，航路によらないことができる。
(1) 海難を避けようとする場合
(2) その他やむを得ない事由のある場合（例えば，人命の救助をする場合）

第3章　航路及び航法（第12条）

> **第12条**　船舶は，航路内においては，次に掲げる場合を除いては，投びょうし，又はえい航している船舶を放してはならない。
> 　(1)　海難を避けようとするとき。
> 　(2)　運転の自由を失ったとき。
> 　(3)　人命又は急迫した危険のある船舶の救助に従事するとき。
> 　(4)　第31条の規定による港長の許可を受けて工事又は作業に従事するとき。

§3-2　航路内の投錨等の制限（第12条）

　本条は，当然のことながら，船舶の通路である航路においては，船舶交通の妨げとなる投錨等の行為を原則として禁止したものである。

(1) 航路内における投錨等の禁止

　船舶は，航路内においては，次の行為をしてはならない。（図3・3）
　(1)　投錨すること。
　(2)　曳航している船舶を放すこと。

　◆　投錨は，たとえ航路外であっても，それが航路至近である場合には船体が振れ回って航路にかかり，航路航行船の安全な航行を妨げることになるから，このような投錨もしてはならない。

図3・3　航路内における投錨等の禁止

(2) 航路内の投錨等の禁止の適用除外

　前記の航路内における投錨等の禁止は，次の場合には適用されない。
　(1)　海難を避けようとするとき。
　(2)　運転の自由を失ったとき。
　(3)　人命又は急迫した危険のある船舶の救助に従事するとき。
　(4)　港長の許可（第31条）を受けて工事又は作業に従事するとき。

第13条～第19条　航　法

> **第13条**　航路外から航路に入り，又は航路から航路外に出ようと
> する船舶は，航路を航行する他の船舶の進路を避けなければなら
> ない。
> **2**　船舶は，航路内においては，並列して航行してはならない。
> **3**　船舶は，航路内において，他の船舶と行き会うときは，右側を
> 航行しなければならない。
> **4**　船舶は，航路内においては，他の船舶を追い越してはならない。

§3-3　航路航行船の優先（第13条第1項）

　本条は，港則法の航路は幅が極めて狭く船舶の交通量の多いところである
から，予防法の航法のみでは船舶交通の安全を期し難いので，特別な航法と
して，次の4つの航路航法を定めたものである。

- (1)　航路航行船の優先（第1項）
- (2)　並列航行の禁止（第2項）
- (3)　行き会うときの右側航行（第3項）
- (4)　追越しの禁止（第4項）

　【注】　港則法の航路は，船舶交通のふくそうする狭い特定港内に設けられたもの
であるから，海交法の航路に比べてその航路幅が極めて狭い。例えば，最狭
部は，京浜港東京東航路が約320メートル，阪神港神戸西航路が約200メー
トル，関門港若松航路が約140メートルしかない。それに対し海交法では，
浦賀水道航路，明石海峡航路及び備讃瀬戸東航路航路は，航路を中央線（分
離線）によって分離し，反航する2つの通航路（レーン）に分けているもの
の，それらの航路幅は少なくとも1,400メートル（原則として1レーン700
メートル）はある。

　港内では，他の船舶に危険を及ぼさないよう減速航行（第16条）しなけ
ればならないが，さらに，運航者はこのように航路幅が狭いことに留意して，
慎重に操船しなければならない。

　第13条第1項は，航路を航行する船舶を優先させ，航路外から航路に入
り，又は航路から航路外に出ようとする船舶に避航義務を課したものであ
る。（図3・4）

　◆　航路を横断する船舶も，本法においては，航路に出・入する船舶の一

第3章　航路及び航法（第13条）　　29

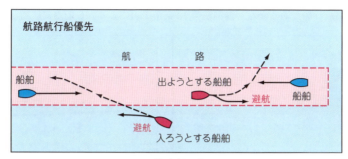

図3・4　航路航行船の優先

種と解すべきであって，航路航行船に対して避航義務を負う。
◆　航路出入船（避航船）に対して，航路航行船は保持船となる。
　　その理由は，本法が航路出入船の避航義務を規定しているのみで，航路航行船については，なんら規定していないので，一般法である予防法の規定（保持船の動作）を補充的に適用するからである。なお，これについて，予防法第40条は，航路航行船に保持船の義務があることを明示している。（§1-2参照）
　　しかし，航路航行船（保持船）は，船舶交通がふくそうする狭い港内を航行している場合であるから，運航上，針路又は速力を変更しなければならないことも起こり得るが，これはやむを得ないことであり，他の船舶もこのことに十分に注意して動作をとらなければならない。
◆　「航路を航行する」とは，船舶の進路が航路とほぼ同じ方向に向いて航路内を航行することをいい，航路内を斜航しているような場合は，これに該当しない。海交法（第3条等）の「航路をこれに沿って航行している」と同じ意味である。
◆　航路航行船優先の規定は，一般法である予防法の横切り船の航法や行会い船の航法などの規定に当然優先する。

具体例
(1)　図3・5において，もし航路がない場合は，予防法の横切り船の航法によりB船が避航船であるが，B船は航路航行船であるから，港則法第13条第1項により，A船が避航船となる。
(2)　図3・6において，C船とD船とは，もし航路がない場合は，予防法の行会い船の航法により，両船がともに右転して衝突を回避するが，D船は航

路航行船であるから，港則法第13条第1項により，C船が避航船となる。

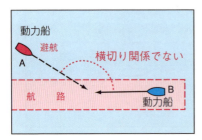

図3·5 横切り船の航法に優先

図3·6 行会い船の航法に優先

§3-4　航路内の並列航行の禁止（第2項）

船舶は，航路内においては，並列して航行してはならない。

◆　幅が極めて狭い航路において，船舶が並列して航行すると，2船間に接触の危険があり，更に第三船と行き会うと極めて危険であるので，並列航行を禁止したものである。(図3·7)

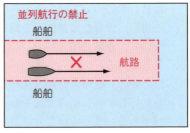

図3·7 航路内における並列航行の禁止

§3-5　航路内の行き会うときの右側航行（第3項）

船舶は，航路内において他の船舶と行き会うときは，右側を航行しなければならない。

◆　航路は，特定港に人工的に設けられた「狭い水道又は航路筋」であるが，その幅が極めて狭く，しかもその側方の外側近くには岸壁や陸岸，水深の浅いところがあったり，停泊船舶や係船浮標が存在

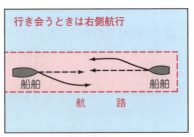

図3·8 航路内において行き会うときは右側航行

第3章　航路及び航法（第13条）

したりして周辺水域も狭く，かつ風潮流の影響も受けやすいため，予防法（第9条）の「狭い水道等の航法」の右側端航行（安全であり，かつ実行に適する限り，他船の有無にかかわらず，常に右側端航行）の規定により難いので，常時ではなく行き会うときは航路の右側を航行することを定めたものである。（図3·8）

◪　この規定は，予防法の「狭い水道等の航法」の右側端航行の規定に優先して適用される。

◪　行き会うおそれがあるときと規定していないから，遠くから右側を航行する必要はなく，行き会うときに安全な距離のところから航路の右側を航行すればよい。なお，右転しているときには，操船信号を行う。

◪　他の船舶と行き会うとき以外は，運航上必要ならば，航路の中央部でも，風浪の影響などによっては航路の左側でも，その全幅を利用して差し支えない。

【注】航路によっては，この規定と異なる特定航法（例えば，一定の小型の船舶は常に航路内を右側航行とする。）が，第19条第1項の規定に基づいて，施行規則に定められている。（§3-19参照）

§3-6　航路内の追越しの禁止（第4項）

船舶は，航路内においては，他の船舶を追い越してはならない。

◪　予防法（第13条）の「追越し船の航法」によると，追越し船は他の船舶を確実に追い越し十分に遠ざかるまで避航義務を負わされているから，安全に追い越す余地がなければ，追い越すことができない。航路は，一般に，幅が極めて狭く安全に追い越す余地の少ない水域であるから，航路内の追越しを禁止したものである。（図3·9）

◪　この規定は，予防法の「追越し船の航法」に優先して適用される。

【注】航路によっては，例外的に追越しを認める特定航法が，第19条第1項の規定に基づいて，施行規則に定められている。（§3-20参照）

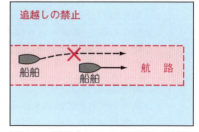

図3·9　航路内における追越しの禁止

> 第14条　港長は，地形，潮流その他の自然的条件及び船舶交通の状況を勘案して，航路を航行する船舶の航行に危険を生ずるおそれのあるものとして航路ごとに国土交通省令で定める場合において，航路を航行し，又は航行しようとする船舶の危険を防止するため必要があると認めるときは，当該船舶に対し，国土交通省令で定めるところにより，当該危険を防止するため必要な間航路外で待機すべき旨を指示することができる。

§3-6の2　危険防止のための航路外待機の指示（第14条）

本条は，自然的条件や船舶交通の状況による航路航行船の危険を防止するために，港長は，当該船舶に対し，必要な間航路外で待機すべき旨を指示することができることを定めたものである。（図3・9の2）

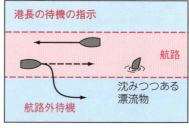

図3・9の2　港長の航路外待機の指示

◇　港長は，航路航行船の航行に危険を生ずるおそれのあるものとして航路ごとに国土交通省令（則第8条の2）で定める次に掲げる場合において，必要な間，航路外待機を指示することができる。

(1)　仙台塩釜港航路 　　視程が500メートル以下の状態で，総トン数500トン以上の船舶が航路を航行する場合
(2)　京浜港横浜航路 　　船舶の円滑な航行を妨げる停留その他の行為をしている船舶と航路を航行する長さ50メートル以上の他の船舶（総トン数500トン未満の船舶を除く。）との間に安全な間隔を確保することが困難となるおそれがある場合
(3)　関門港関門航路 　　次のいずれかに該当する場合 　①　視程が500メートル以下の状態である場合

第3章　航路及び航法（第15条）　　33

② 早鞆瀬戸において潮流を遡って航路を航行する船舶が潮流の速度に4ノットを加えた速力（対水速力）以上の速力を保つことができずに航行するおそれがある場合
(4) 関門港関門第2航路，砂津航路，戸畑航路，若松航路，奥洞海航路，安瀬航路 　視程が500メートル以下の状態である場合

◆　待機の指示は，「港則法施行規則第8条の2の規定による指示の方法等を定める告示」（平成22年海上保安庁告示第163号）で定めるところにより，VHF無線電話その他の適切な方法により行われる。（則第8条の2）

【注】(1)　上記の指示は，条文が示すとおり，「港長が必要があると認めるときに，…指示することができる」ものである。港長が当該船舶に対して，指示するかどうかは，その時の船舶交通の状況等を慎重に判断して決められることになる。

　　　(2)　港長の待機の指示は，現場においては，委任により港内管制官により行われる場合が多い。

> **第15条**　汽船が港の防波堤の入口又は入口付近で他の汽船と出会う虞のあるときは，入航する汽船は，防波堤の外で出航する汽船の進路を避けなければならない。

§3-7　防波堤入口付近の航法（第15条）

　本条は，汽船が港の防波堤の入口又は入口付近で他の汽船と出会うおそれがあるときに同入口を一方通航とし，入航汽船に対して，防波堤の外で出航汽船を避航する義務を課したものである。

　出航汽船優先としたのは，防波堤の入口又は入口付近は，①防波堤に挟まれた狭い水路を形成し，②入航船・出航船が集中して船舶交通量が多く，③潮流等の外力の影響が防波堤によって複雑に変化するなどの悪条件を持つ水域で，衝突の危険が発生しやすいところであり，かつ，④出航汽船が防波堤内の狭い船舶のふくそうする水域にあるのに対して，入航汽船は防波堤外の広い水域にあることから，入航汽船に防波堤の外で避航する義務を課し，

出航汽船優先としたものである。（図3・10）

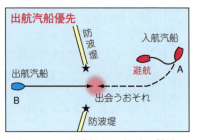

図3・10　防波堤入口付近の航法

要するに，防波堤入口の航行を出航汽船優先の一方通航とすることによって，反航する汽船と出会うことがないようにして，船舶交通の安全を図ろうとするものである。

　【注】防波堤入口の可航幅は，例えば，高松港航路防波堤入口が約290メートル（10m等深線間），釧路港西区東側防波堤入口が約60メートル（5m等深線間）というように，極めて狭い。

◆　本条は，汽船のみに適用される航法規定である。「汽船」とは，予防法にいう「動力船」である。

◆　「防波堤入口」とは，両側にある防波堤の突端で挟まれて形成された区域をいう。この入口には，片側が防波堤で，他の側が陸地や埼などによって形成されているようなものも，これに該当する。

　本条でいう防波堤には，防波堤のほか，防潮堤，波除堤，導水堤といわれるものでも，航法上，防波堤の一種と考えられるものは，すべて含まれる。

　図3・11のように，入口の近くに航泊禁止海面があるような場合には，防波堤の突端で挟まれた区域（ABCDの区域）だけでなく，航泊禁止海面で挟まれた区域（CDFEの区域）を含めて，防波堤の入口（ABFEの区域）と解すべきである。

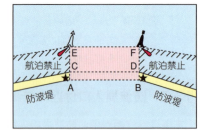

図3・11　防波堤入口（航泊禁止区域のある場合）

◆　「防波堤入口付近」とは，規定は具体的にその範囲を明示していないが，入航汽船が出航汽船を防波堤の外で避航しなければ安全を確保できないと判断される程度に出会うおそれがある，と考えられる入口の内外の範囲であって，相当余裕を持った水域である。この範囲は，入口付近の地勢や船舶交通のふくそうの状況，出・入航船の大小や喫水などを勘案して決められるべきものである。

第3章 航路及び航法（第15条） 35

◐ 「出会うおそれ」とは，衝突のおそれのあるときは，もちろんのこと，出航汽船と入航汽船とが互いに出航・入航の態勢の変化も考慮に入れながら判断して，防波堤の入口又は入口付近で最も接近して衝突のおそれを生ずる可能性のあることをいう。

◐ 「入航」とは，船舶が入港する場合のみでなく，港内を移動する場合も含めすべての場合において，港の外から内方へ向かって航行することである。また，「出航」とは，その逆で，内から外方へ向かって航行することである。

◐ 本条は，港則法のすべての適用港に適用される。

◐ 防波堤入口付近の航法は，予防法の「行会い船の航法」や「横切り船の航法」に優先する。

具体例

(1) 図3·12において，A船とB船とは，もし防波堤がない場合は，予防法の「行会い船の航法」により両船とも右転して衝突を回避するが，同図の場合は，防波堤入口付近で出会うおそれのあるときであるから，港則法第15条により，A船が防波堤の外で出航するB船を避航する。

(2) 図3·13において，C船とD船とは，もし防波堤がない場合は，予防法の「横切り船の航法」によりD船がC船を避航するが，同図の場合は，防波堤の入口付近で出会うおそれのあるときであるから，港則法第15条により，C船が防波堤の外で出航するD船を避航する。

C船の代わりに，C′船がD船と出会うおそれがある場合も，C′船が避航船となるが，これは当然港則法第15条によるもので，予防法の「横切り船の航法」によるものではない。

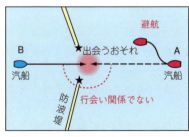
図3·12 行会い船の航法に優先

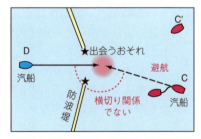
図3·13 横切り船の航法に優先

§3-8　入航汽船の注意すべき事項

(1) 入航汽船は，港に接近したら見張りを強化し，特に防波堤内の船舶の動静に留意して，出航汽船の有無を確かめる。

(2) 入航汽船は，出航汽船と出会うおそれが生じた場合には，十分に余裕のある時期に避航動作をとることができるように，遠くからあらかじめ減速して防波堤の入口に向かうべきである。

(3) 入航汽船は，出航汽船と出会うおそれのあるときは，防波堤の外で出航汽船の出航を妨げない水域で待避する。

　この水域の範囲については，前述のとおり，船舶の大きさや喫水，入口付近の地形，船舶交通のふくそうの程度，外力の影響などを考慮して決められるべきものである。一般には，出航汽船が入口を通過してから，いずれの方向に進行しても，その航行を妨げないような，かなり余裕をもった範囲である。

　具体的には，防波堤から少なくとも出航汽船の長さの4倍程度の距離を隔てた外で待避すべきである。

　これについて，図3・14は防波堤入口付近でよく発生する衝突事例を示すが，この衝突の原因は，船舶が直進中に転針しても，船体が原針路線を離れるには，舵角・転針角度・喫水にもよるが，船の長さの約3～4倍の距離を要するという船舶の一般的性能を忘れ，

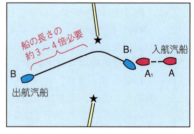

図3・14　防波堤入口付近の衝突

待避の方法を誤ったのが主因である。したがって，入航汽船は，上記のとおり，防波堤から少なくとも出航汽船の長さの4倍程度の距離を隔てて待避することが必要である。

　風潮流や波浪など外力の影響が大きい場合は，更に，それらを考慮したものでなければならない。

　なお，以上のことは，出航汽船が出航に当たって勝手な行動をとってもよいということではない。(参考文献(1) p.295)

(4) 入航汽船は，出航汽船に疑念を与えないために，(3)のほか，その進路に船首を向けないようにするとか，あるいは機関を後進にかけて短音

3回を鳴らすなどして，待避の意志をはっきり示すのがよい。
(5) 入航汽船は，できれば出航汽船の進路の左側の水域で待つのがよい。これは，出航汽船が入口を通過後，入航汽船との見合いを横切り関係でなかろうかと疑念を持ったとしても，左舷側に見る入航汽船を避航船と判断することになるからである。
(6) 操船信号や警告信号（疑問信号），注意喚起信号などの励行，投錨用意，あるいはその他の港則法及び予防法の規定を遵守する。
(7) 入航汽船は，出航汽船を避航した後，防波堤入口を通過するときは，入口に対しできる限り直角に又は航路筋の方向に向かって入航すべきであって，斜航することは危険である。また，他の船舶に危険を及ぼさないような速力（第16条）で航行しなければならない。

§3-9　防波堤入口に航路が設けられている場合の航法

　防波堤入口及び入口付近に「航路」が設けられている場合に，出航汽船と入航汽船とが出会うおそれのあるときは，その航法は，第15条の規定が第13条第1項の規定に優先して適用される。
　その理由は，防波堤入口又は入口付近は，この場合には，航路のうちの特定な水域であるから，第13条第1項と第15条との関係は一般規定と特別規定との関係に立ち，特別規定が優先するからである。

|具体例|

　図3・15において，A船が航路を航行して入航しようとし，一方，B船が係船浮標を離れ航路に側方から入って出航しようとする場合，A船は航路航行船であり，かつ入航汽船でもあり，B船は航路に入ろうとする船舶であり，かつ出航汽船でもあるが，（航路航行船）対（航路に入ろうとする船舶）の航法（第13条第1項）は成立せず，（入航汽船）対（出航汽船）の航法（第15条）が適用され，A船が防波堤の外でB船を避航する。

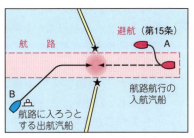

図3・15　航路が設けられている防波堤入口付近の航法

◆　航路が防波堤の入口の外側に張り出して設けられている場合には，出航し，又は入航する船舶は，一般に，航路の出入口より出入すべきであ

る。これは，第 11 条の規定（航路による義務）の趣旨に沿うものであり，またそうすることが，グッド・シーマンシップでもある。

§3-10 内防波堤と外防波堤がある場合の第 15 条の適用

図 3·16 のように内防波堤と外防波堤がある港では，内・外に 2 つの防波堤の入口が存在することになる。

この場合の第 15 条の適用については，船舶交通の安全のため一方通航を規定している趣旨に基づき，そのときの港内の船舶のふくそう状況，船舶の大きさや喫水，外力の影響などを勘案して，次のいずれかの方法により出・入航すべきである。

(1) 内・外の防波堤それぞれに個々に入口が存在すると考え，入航汽船が各入口ごとに都合 2 回出航汽船を避航する。

これは，船舶が比較的小型であるとき，あるいは内・外の防波堤間に避航する水域が十分にあるときなどに用いることができる航法である。

【具体例】

図 3·16 において，入航する汽船（A）は，外防波堤の外で同入口を出航する汽船（B）を避航し，さらに内防波堤の外で同入口を出航する汽船（C）を避航する。

(2) 内・外の防波堤の入口を一体であると考え，入航汽船が外防波堤の外で内港から出航してくる汽船を避航する。

これは，船舶が大型であるとき，あるいは港内が船舶でふくそうしているときなどに用いるべき航法である。

【具体例】

図 3·17 において，入航する汽船（M）は，外防波堤の外で内港から内防波堤入口を経て外防波堤入口を出航してくる汽船（N）を避航する。

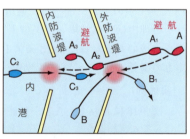

図 3·16　内・外の防波堤入口ごとに第 15 条を適用

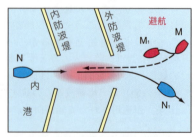

図 3·17　内・外の防波堤入口を一体とみなして第 15 条を適用

第3章　航路及び航法（第16条）　　39

> **第16条**　船舶は，港内及び港の境界附近においては，他の船舶に
> 危険を及ぼさないような速力で航行しなければならない。
> 2　帆船は，港内では，帆を減じ又は引船を用いて航行しなければ
> ならない。

§3-11　速力の制限（第16条第1項）

　港内及びその境界付近は水域が狭く船舶交通がふくそうするので，高速力
での航行は，航法上，余裕のある適切な動作をとることができなくなり衝突
の危険が生じ，また，航走波によって，舟艇や荷役中の船舶を動揺させた
り，係留船の係留索を切断するなどの危険を及ぼす。よって，当然のことで
はあるが速力を減じて安全な速力で航行しなければならず，本条第1項は，
これを特に明文化したものである。

- ◆　他の船舶に危険を及ぼさないような速力は，港及び港の境界付近の地
形，船舶交通のふくそうの程度，船舶の大小，停泊船舶の状況などを考
慮して決められなければならない。
- ◆　この規定は，港内のみならず，港の境界外でも境界付近であれば，そ
の適用が及ぶものである。
- ◆　この規定は，すべての港則法の適用港に適用される。

§3-12　帆船の減帆又は引き船の使用（第2項）

　帆船も，第1項の規定により他の船舶に危険を及ぼさないような速力で航
行しなければならないが，帆を用いる推進方法であることにかんがみ，狭い
港内で，外海と同様に，すべての帆を上げて帆走するようなことは，自船の
みならず他の船舶も危険な状況に陥れる。よって本条第2項は，特に帆船に
対して，帆を減じ又は引き船を用いて航行するよう定めたものである。

- ◆　帆船が，引き船を用いた場合は，「引き船・引かれ船一体の原則」に
より，その引き船列全体は，引き船（動力船）と同じ性格となり，1隻
の動力船（汽船）とみなされる。
- ◆　この規定は，すべての港則法の適用港に適用される。

> **第17条** 船舶は，港内においては，防波堤，ふとうその他の工作物の突端又は停泊船舶を右げんに見て航行するときは，できるだけこれに近寄り，左げんに見て航行するときは，できるだけこれに遠ざかって航行しなければならない。

§3-13　工作物の突端・停泊船舶付近における航法（第17条）

　本条は，右側航行（左舷対左舷）の航法の原則に基づいて定められた規定で，防波堤などの工作物が築造され，又は船舶が停泊している港内において，船舶の航行を航法上整然とさせ船舶交通の安全を図るために，いわゆる「右小回り・左大回り」の航法を定めたものである。

◆　この航法は，工作物の突端や停泊船舶を回る航行の場合だけでなく，それらの付近を直進して航行する場合にも適用がある。（図3・18）

◆　工作物の突端や停泊船舶を右舷に見て航行するときは，できるだけこれに近寄り，左舷に見て航行するときは，できるだけこれに遠ざかることは，図3・18及び図3・19に示すとおり，両船が出会い頭(がしら)に会うことを未然に防ぎ，互いに左舷対左舷で安全に通過することができるようにするものである。

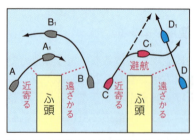

図3・18　工作物の突端付近における航法

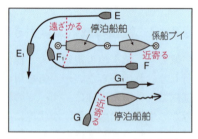

図3・19　停泊船舶付近における航法

◆　図3・18のC船（動力船）とD船（動力船）のように，両船間に衝突のおそれがあり横切り関係が成立した場合に，C船が避航動作として右転の動作をとったとき，D船はふ頭の突端から遠ざかっているため，D船とふ頭の突端との間には広い水域が形成されており，C船はD船の船尾を安全にかわすことができる。

第3章　航路及び航法（第18条）　　41

◆　この規定は，すべての港則法の適用港に適用される。

第18条　汽艇等は，港内においては，汽艇等以外の船舶の進路を
避けなければならない。

2　総トン数が500トンを超えない範囲内において国土交通省令
で定めるトン数以下である船舶であって汽艇等以外のもの（以下
「小型船」という。）は，国土交通省令で定める船舶交通が著しく
混雑する特定港内においては，小型船及び汽艇等以外の船舶の進
路を避けなければならない。

3　小型船及び汽艇等以外の船舶は，前項の特定港内を航行すると
きは，国土交通省令で定める様式の標識をマストに見やすいよう
に掲げなければならない。

---

§3-14　汽艇等の避航義務（第18条第1項）

本条第1項は，船舶交通の安全を図るため，港内においては，操縦の小回
りが効く汽艇等に対して，汽艇等以外の船舶を避航する義務を課したもので
ある。

(1) 汽艇等の避航動作

汽艇等は，港内においては，常に，汽艇等以外の船舶に対して避航義務を
負うもので，その避航動作は，船舶交通がふくそうする狭い水域であること
を考え，汽艇等以外の船舶に疑念を起こさせないよう，速力に留意し（第
16条第1項），狭い水域なりに，できる限り早期に，かつ大幅に（予防法第
16条）行わなければならない。

なお，汽艇等以外の船舶は，相手船が汽艇等であるかどうかの判断を誤ら
ないように注意し，保持船の立場で動作をとらなければならない。

◆　「港内」とは，「港の区域」（令第1条・別表第1）を指すものである
から，当然，「航路の区域」（則第8条・別表第2）も含まれる。

◆　この規定は，すべての港則法の適用港に適用される。

また，この規定には，「行き会うとき」（第13条），「出会うおそれの
あるとき」（第15条，則第29条の2第4項など），「衝突するおそれが
あるとき」（予防法）などの文言がないことから，それらにかかわらず，

常時，余裕を持って避航しなければならない。

(2) 他の航法規定との優先関係

第1項の規定は，次のとおり，予防法や港則法の航法規定に優先して適用される。

1．予防法の「行会い船の航法」などに優先

港則法第18条第1項は，予防法の「行会い船の航法」，「横切り船の航法」，「追越し船の航法」などに優先して適用される。

> **具体例**
> (1) 図3・20の①において，汽艇等（汽艇）（A_1）と汽艇等以外の船舶（B_1）とが，一見行会いの状況のようになっても，港内では，予防法第14条の「行会い船の航法」は適用されず，この規定により，汽艇等（A_1）が避航船となる。
> (2) 同図の②において，汽艇等（汽艇）（A_2）と汽艇等以外の船舶（B_2）とが，一見横切りの状況のようになっても，港内では，予防法第15条の「横切り船の航法」は適用されず，この規定により，汽艇等（A_2）が避航船となる。
> (3) 同図の③において，汽艇等以外の船舶（B_3）が汽艇等（A_3）を追い越す場合でも，港内では，予防法第13条の「追越し船の航法」は適用されず，この規定により，追い越される汽艇等（A_3）が避航船となる。

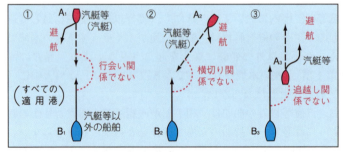

図3・20　第18条第1項（汽艇等の避航義務）は予防法第14条などに優先

2．港則法第13条第1項に優先

港則法第18条第1項と第13条第1項との関係は，適用水域については，第18条第1項は港内全域に適用されるのに対し，第13条第1項は，港のうち，航路という特定の水域に適用されるものである。

一方,適用船舶については,第18条第1項は,船舶のうち(汽艇等)対(汽艇等以外の船舶)という船舶の種類の異なる船舶の間に適用されるのに対し,第13条第1項は,(船舶)対(船舶)の規定で,その船舶には汽艇等以外の船舶であろうと汽艇等であろうとすべてのものを含んでおり,船舶の種類のいかんにかかわらず,同一に取り扱って「船舶」としているもので,(船舶)対(船舶)という同一の種類の間に適用される規定である。

したがって,第18条第1項と第13条第1項とは,いずれが優先するのか解釈に疑義を生じやすいが,本法の目的から解釈しても,船舶の種類の異なる船舶の間における避航関係を定めた第18条第1項が,第13条第1項に優先すると解すべきである。

具体例

(1) 図3・21において,航路を航行している汽艇等(A_1)と航路外から航路に入ろうとする汽艇等以外の船舶(B_1)との航法は,第13条第1項の適用はなく,第18条第1項が適用され,汽艇等(A_1)が避航船となる。

(2) 図3・22において,(1)とは逆に,たとえ航路に入ろうとする船舶が汽艇等(A_2)であっても,A_2が航路を航行している汽艇等以外の船舶(B_2)を避航するのは,第13条第1項によるのではなく,第18条第1項によるものである。

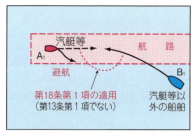

図3・21　第13条第1項に優先

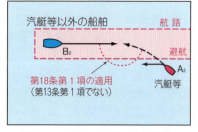

図3・22　第13条第1項に優先

3. 港則法第15条に優先

港則法第15条は,防波堤の入口又は入口付近という港内の特殊な水域における(汽船)対(汽船)に適用される規定であるが,出航汽船か入航汽船のいずれかが汽艇等(例えば,汽艇のような小型の汽船)で,他の船舶が汽艇等以外の船舶(汽船)である場合に適用される規定は,前記2.

で述べたと同様の理由により，第15条ではなく，第18条第1項が適用される。

> 具体例
> (1) 図3・23において，出航汽船が汽艇等の汽船（A_1）で，入航汽船が汽艇等以外の船舶（B_1）である場合は，第15条の適用はなく，第18条第1項により，汽艇等（A_1）が避航船となる。
> (2) 図3・24において，(1)とは逆に，たとえ入航汽船が汽艇等の汽船（A_2）であっても，A_2が汽艇等以外の船舶である出航汽船（B_2）を避航するのは，第15条によるのではなく，第18条第1項によるものである。

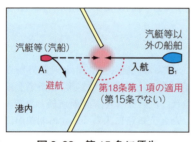
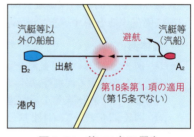

図3・23　第15条に優先　　　　図3・24　第15条に優先

§3-15　小型船の避航義務（第2項）

第18条第2項は，特定港の中でも，特に船舶交通がふくそうする「国土交通省令で定める船舶交通が著しく混雑する特定港」（6港）においては，船舶の大・小間の航法規定として，第1項（汽艇等の避航義務）の規定だけでは，船舶交通の安全を図ることが難しいので，汽艇等のほかに，「小型船」という船舶の種類を設け，これに汽艇等及び小型船以外の船舶を避航する義務を課したものである。

(1) 小型船の避航義務規定の適用の範囲

第2項の規定が適用される①「国土交通省令で定める船舶交通が著しく混雑する特定港」及び②「総トン数が500トンを超えない範囲において国土交通省令で定めるトン数以下である船舶であって汽艇等以外のもの」（以下「小型船」という。）は，次の表に掲げるとおりである。（則第8条の3）

第3章　航路及び航法（第18条）　　45

①　国土交通省令で定める船舶交通が著しく混雑する特定港	②　小型船
千葉港，京浜港	総トン数 500 トン以下（汽艇等を除く。）
名古屋港	〃　　　（　　〃　　）
四日市港（第1航路及び午起航路に限る。）	〃　　　（　　〃　　）
阪神港（尼崎西宮芦屋区を除く。）	〃　　　（　　〃　　）
関門港（響新港区を除く。）	総トン数 300 トン以下（　　〃　　）

【注】左欄のかっこ書規定（3つ）は，以下第18条において同じ。

　　　省令改正（平成28年5月18日改正，平成30年1月31日施行）により，千葉港が追加された。

◆　これら6つの特定港においては，船舶の種類が第18条第2項の規定により，次のとおり3つに分かれるから，船舶は，互いに適用すべき航法を誤らないようにしなければならない。

　　①　汽艇等

　　②　小型船

　　③　小型船及び汽艇等以外の船舶

具体例

　　阪神港（尼崎西宮芦屋区を除く。）において，例えば，次に掲げる船舶は，それぞれ相手船に対して，避航動作等をとらなければならない。

⑴　汽艇等は，総トン数490トンの船舶（小型船）に対しても，また総トン数13,000トンの大型船舶（小型船及び汽艇等以外の船舶）に対しても避航しなければならない。

⑵　上記の小型船は，汽艇等に対しては避航してもらえるが，上記の大型船舶に対しては避航しなければならない。

⑶　上記の大型船舶は，汽艇等に対しても，上記の小型船に対しても，避航してもらえる。

◆　小型船は，これら6つの特定港が船舶交通の著しく混雑する水域であることを考え，小型船及び汽艇等以外の船舶に疑念を起こさせないよう，速力に留意し（第16条第1項），狭い水域なりに，できる限り早期に，かつ大幅に避航動作をとらなければならない。

　　小型船及び汽艇等以外の船舶は，保持船の立場で動作をとらなければならない。

(2) 他の航法規定との優先関係

第2項の規定は，次のとおり，予防法や港則法の規定に優先して適用される。

1. 予防法の「行会い船の航法」などに優先

港則法第18条第2項は，同条第1項（汽艇等の避航義務）の規定と予防法の規定との優先関係（前述）の場合と同様に，予防法の「行会い船の航法」，「横切り船の航法」，「追越し船の航法」などに優先して適用される。（図3・25）

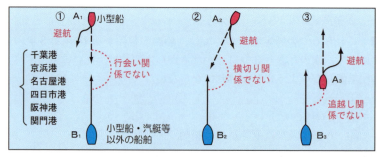

図3・25　第18条第2項（小型船の避航義務）は予防法第14条などに優先

2. 港則法第13条第1項に優先

港則法第18条第2項は，同条第1項（汽艇等の避航義務）の規定と港則法第13条第1項の規定との優先関係の場合と同様に，港則法第13条第1項に優先して適用される。（図3・26）

3. 港則法第15条に優先

港則法第18条第2項は，同条第1項（汽艇等の避航義務）の規定と港

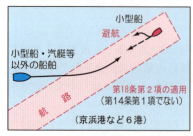

図3・26　第13条第1項に優先

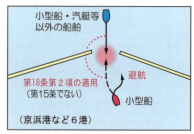

図3・27　第15条に優先

第3章　航路及び航法（第18条）　　47

則法第15条の規定との優先関係の場合と同様に，港則法第15条に優先して適用される。（図3・27）

§3-16　小型船及び汽艇等以外の船舶の標識（第3項）

「国土交通省令で定める船舶交通が著しく混雑する特定港」（6港）には，船舶の種類として汽艇等のほかに，小型船を設けているので，第18条第3項は，特に「小型船の避航義務」の規定の適用について船舶間に認識の不一致を来たさないよう明確にするために，小型船及び汽艇等以外の船舶に掲げる標識を定めたものである。

◆　「国土交通省令で定める様式の標識」は，国際信号旗数字旗1である。（図3・28）（則第8条の4）

小型船及び汽艇等以外の船舶は，これら6つの特定港内を航行するときは，数字旗1をマストに見やすいように掲げなければならない。

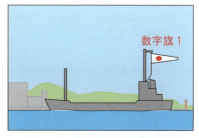

図3・28　小型船及び汽艇等以外の船舶の標識

具体例
(1)　総トン数が8,000トンや501トンの船舶は，これら6つの特定港を航行するときは，数字旗1を掲げる。
(2)　総トン数350トンの船舶は，関門港（響新港区を除く。）を航行するときは，数字旗1を掲げるが，その他の5つの特定港では小型船に該当するから，これを掲げてはならない。
(3)　四日市港においては，小型船の避航義務の規定の適用は，同港の全域でなく，第1航路及び午起航路の区域に限られるから，総トン数500トンを超える船舶は，上記の両航路を航行するときに，数字旗1を掲げる。
(4)　阪神港尼崎西宮芦屋区においては，第18条第2項（小型船の避航）及び第3項（数字旗1の掲揚）の規定の適用はない。

◆　この昼間の標識に対して，夜間の灯火の定めはない。

これは，夜間は船舶の交通量が少ないことや多数の船舶に新たに灯火を義務付けるには実行上の問題があるからであろう。

灯火の定めがなくても，航法的には，夜間も第2項の規定は適用される。

夜間，航行中の船舶は，互いに船舶の大きさについて誤認のおそれがあるので，注意が必要である。

◆ 港則法において，各規定の適用対象となる港は，次の5つに整理される

分　類	規　定	対　象　港
港則法が適用される港	法第2条 令第1条・別表第1	500港
特定港	法第3条第2項 令第2条・別表第2	87港
指定港	法第3条第3項 令第3条・別表第3	5港（館山，木更津，千葉，京浜，横須賀）
国土交通省令で定める特定港 （錨地の指定）	法第5条第2項 則第4条第3項	3港（京浜，阪神，関門）
国土交通省令で定める船舶交通が著しく混雑する特定港 （小型船の避航義務）	法第18条第2項 則第8条の3	6港（千葉，京浜，名古屋，四日市，阪神，関門）

§3-17　汽艇等に関する特別な扱い

港則法においては，汽艇等は，一般船舶と異なる取扱いを受ける場合があるが，これに関する規定をまとめて掲げると，次のとおりである。

	汽艇等に関する規定
制限を受け又は義務を課される規定	(1) 係留等の制限を受ける。（第8条） 〔例〕 みだりに係船浮標・他の船舶に係留してはならない。 　　　みだりに他の船舶の交通の妨げとなる場所に停泊・停留してはならない。 (2) 曳航の制限を受ける。（第19条第2項，則第31条ほか） 〔例〕 船舶は，阪神港大阪区木津川運河水面において，汽艇等を引くときは，則第9条第1項の規定にかかわらず，引船の船首から最後の汽艇等の船尾までの長さが80メートルを超えてはならない。 (3) はしけは停泊の制限（他の船舶の船側への係留の制限）を受け

第3章　航路及び航法（第19条）　　49

<table>
<tr><td></td><td>る。（第10条，則第25条，則第30条第2項）
〔例〕　京浜港東京第1区においては，はしけを他の船舶の船側に
　　　係留するときは，1縦列を超えてはならない。
(4)　港内においては，汽艇等以外の船舶に対して避航義務を負う。
　（第18条第1項）</td></tr>
<tr><td>義務若し
くは制限
を除外さ
れ又は緩
和されて
いる規定</td><td>(1)　入出港（特定港）の届出を要しない。（第4条，則第2条）
(2)　錨地（国土交通省令で定める特定港，必要のあるときはその他
　の特定港）の指定を受ける義務はない。（第5条）
(3)　停泊場所の移動の制限を受けない。（第6条）
(4)　修繕及び係船の届出を要しない。（第7条）
(5)　特定港に出入し又は特定港を通過する場合は，航路による義務
　はない。（第11条）</td></tr>
</table>

> **第19条**　国土交通大臣は，港内における地形，潮流その他の自然
> 的条件により第13条第3項若しくは第4項，第15条又は第17
> 条の規定によることが船舶交通の安全上著しい支障があると認め
> るときは，これらの規定にかかわらず，国土交通省令で当該港に
> おける航法に関して特別の定めをすることができる。
> **2**　第13条から前条までに定めるもののほか，国土交通大臣は，
> 国土交通省令で一定の港における航法に関して特別の定めをする
> ことができる。

§3-18　第19条第1項（自然的条件）による特別の定め

　本条第1項は，国土交通大臣は港内の地形，潮流その他の自然的条件によ
り，次に掲げる規定によることが船舶交通の安全上著しい支障があると認め
るときは，国土交通省令で当該港の航法に関して特別の定めをすることがで
きる，と定めている。
　(1)　第13条第3項（航路内の行き会うときの右側航行）
　(2)　第13条第4項（航路内の追越しの禁止）
　(3)　第15条（防波堤入口付近の航法）
　(4)　第17条（工作物の突端・停泊船舶付近における航法）
　これらの航法に関する特別の定めは，施行規則に特定航法として定められ

ている．その特定航法をあげると，次のとおりで，§3-19～§3-22において具体的に述べる．

　§3-19　第13条第3項に関する特定航法
　§3-20　第13条第4項に関する特定航法
　§3-21　第15条に関する特定航法
　§3-22　第17条に関する特定航法

§3-19　第13条第3項（航路内の行き会うときの右側航行）に関する特定航法

(1) 名古屋港　東航路・西航路・北航路（図3・29，図9・10）

　総トン数500トン未満の船舶は，東航路，西航路及び北航路においては，航路の右側を航行しなければならない．（則第29条の2第3項）

◆　この特定航法は，大小の船舶の往来の激しい名古屋港において，3つの航路は地形上複雑に接続し，その航路が長く，幅も狭く，船舶の出入する岸壁が近くに存在するなど自然的条件が厳しいので，船舶の航路内で行き会うときの安全を図るため，総トン数500トン未満の小型の船舶に対しては，行き会うときだけでなく，常時右側航行することを命じたものである．

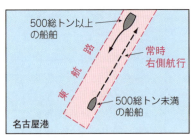

図3・29　航路で常時右側航行の特定航法

(2) 関門港　関門航路及び関門第2航路（図3・30，図9・17）

　関門航路及び関門第2航路を航行する汽船は，できる限り，航路の右側を航行しなければならない．（則第38条第1項第1号）

◆　この特定航法は，両航路が曲がりくねった地形の関門海峡の東口と西口とを結ぶ主航路であり，航路は極めて長く，幅の狭い所や湾曲して見通しの悪い所があり，航路の側方には船舶の出入する多くの港区が接しており，しかも潮流が激しいなど自然的条件が厳しいので，両航路における船舶交通の安全を図るため，汽船は，行き会うときだけでなく，常

時できる限り航路の右側を航行することを命じたものである。

【注】同海峡西口には，関門航路の西口（六連島の北東方）と関門第2航路の西口（同島の南西方）の2つがあり，関門航路の東口から，前者の西口までの距離はおよそ15海里であり，また後者の西口までの距離はおよそ13海里であって，極めて長い。

図3・30　できる限り航路の右側を航行する特定航法

(3) 関門港　早鞆瀬戸の西行汽船（100総トン未満）及び東行汽船の航法
（図3・31，図9・16）

1. 早鞆瀬戸の100総トン未満の西行汽船の航法
（則第38条第1項第3号）

早鞆瀬戸を西行しようとする総トン数100トン未満の汽船は，次の航法によらないことができる。

(1) 則第38条第1項第1号（前記(2)）に規定する航法（関門航路のできる限り右側航行）

(2) 則第38条第1項第2号（後述§3-29）に規定する航法（田野浦区から関門航路に入航する航法）（同項第3号前段）

図3・31　門司埼に近寄る特定航法

この場合においては，できる限り門司埼に近寄って航行し，他の船舶に行き会ったときは，右舷を相対して（右舷対右舷で）航過しなければならない。（同項第3号後段）

2. 早鞆瀬戸の東行汽船の航法（則第38条第1項第4号）

則第38条第1項第1号（前記(2)）の規定により早鞆瀬戸を東行する汽船は，同項第3号（前記1.）の規定により同瀬戸を西行する汽船（100総トン未満）を常に右舷に見て航過しなければならない。（同項第4号）

◪　これらの特定航法により，総トン数100トン未満の西行汽船は，①関門航路のうち早鞆瀬戸においては門司埼に近寄って航行するから，関門航路の左側を航行することになり，また②東行汽船とは，第13条第3

52　　　港則法

項の行き会うときの右側航行（左舷対左舷）ではなく，常時右舷対右舷で航過することになる。

　なお，この西行汽船は，早鞆瀬戸においては，第1項第3号の規定する「門司埼に近寄る航法」によるのではなく，同項第1号の規定する「関門航路のできる限り右側を航行する航法」によって航行してもよいのである。これは，同項第3号の規定が明示しているところである。

【注】従来，100総トン未満の汽船は，早鞆瀬戸においては西行・東行ともに，激しい潮流（流向・本流・反流），地形，小型の船舶であること，その操縦性能，古来の航行の慣習などを考慮して，門司埼に近寄って航行することができる旨のやや複雑な航法が定められていたが，施行規則の改正（平成14年7月）により，100総トン未満の西行汽船のみが同埼に近寄って航行することができる旨の従来より簡単で分かりやすい航法に改まったものである。

(4) 関門港　若松航路・奥洞海航路（図9·19）

　若松航路及び奥洞海航路においては，総トン数500トン以上の船舶は航路の中央部を，その他の船舶は，航路の右側を航行しなければならない。（則第38条第1項第6号）

　◆　両航路は，枝状に接続し，航路が長く，その幅が極めて狭く，しかも屈曲するなど自然的条件が厳しいので，この特定航法は，総トン数500トン以上の船舶に対しては，行き会うときの右側航行ではなく，常時航路の中央部を航行することを命じたものである。なお，両航路においては港長が航行管制（第38条）を行っているので，総トン数500トン以上の船舶同士が行き会うことがないようになっている。

　　また，その他の船舶（総トン数500トン未満）に対しては，前記（1）（名古屋港の3つの航路）と同様に，行き会うときだけでなく，常時右側航行することを命じている。

§3-20　第13条第4項（航路内の追越し禁止）に関する特定航法

(1) 京浜港　東京西航路（図3·32，図9·9）

1. 東京西航路の追越し（則第27条の2第1項）

　船舶は，東京西航路において，周囲の状況を考慮し，次の各号のいずれ

第3章 航路及び航法（第19条）

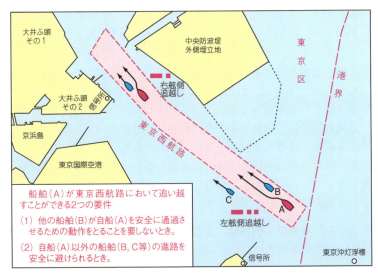

図3・32 航路で追い越すことができる特定航法（東京西航路）

にも該当する場合には，他の船舶を追い越すことができる。
 (1) 当該他の船舶が自船を安全に通過させるための動作をとることを要しないとき。
 (2) 自船以外の船舶の進路を安全に避けられるとき。
2. 東京西航路の追越し信号（則第27条の2第2項）
　上記1.の規定により汽船が追い越そうとするときは，次の追越し信号を汽笛又はサイレンをもって吹き鳴らさなければならない。

　他の船舶の右舷側追越し……長音及び短音（── －）
　他の船舶の左舷側追越し……長音，短音及び短音（── － －）

◆　特定港に設けられる航路は，港内の地形などの自然条件のほかふ頭や防波堤等の港湾施設の関係から，海交法の航路ほど広い幅をとることができない狭いものである。
　東京西航路は幅が狭い上に船舶の往来も激しいため，追越しをすべて禁止（第13条第4項）すると渋滞を招き，かえって船舶交通がふくそうして危険を生ずる。よって，この特定航法は，船舶交通の流れを円滑にするため，追い越すことができる一定の要件を設けて，その要件に該当する場合に限って，追越しを認めたものである。

◆　追い越すことができる要件の1つは、(1)当該他の船舶（追い越される船舶）が「自船を安全に通過させるための動作」をとることを要しないときであるが、そのかっこ書の示す動作は、予防法第9条（狭い水道等）第4項が規定するものである。

要件のもう1つは、当然のことながら、(2)自船以外の船舶の進路を安全に避けられるときである。

◆　追越し信号は、追越し船が追い越される船舶にいずれの舷側を追い越すかを示し、注意を喚起するためのものである。

この信号は、海交法第6条（追越しの場合の信号）本文規定の信号と同じものであって、船舶（追越し船）が汽船である場合に、これを吹鳴する義務を負う。

(2) **名古屋港　東航路・西航路（屈曲部を除く。）・北航路**
（図3・33、図9・10）

則第27条の2第1項及び第2項の規定（東京西航路）は、東航路、西航路（屈曲部[注]を除く。）及び北航路において、船舶（同条第2項を準用する場合にあっては、汽船）が他の船舶を追い越そうとする場合に準用する。（則第29条の2）

◆　これら3つの航路の追越し・追越し信号の特定航法は、前記(1)の東京西航路のものが準用され、それと同じである。

【注】屈曲部とは、図3・33に示すとおり、西航路北側線西側屈曲点から135度に引いた線の両側それぞれ500メートル以内の部分のことである。

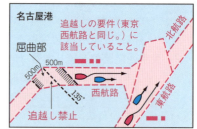

図3・33　航路で追い越すことができる特定航法（名古屋港の航路）

(3) **広島港　航路**（図9・15）

則第27条の2第1項及び第2項の規定（東京西航路）は、航路（広島港）において、船舶（同条第2項を準用する場合にあっては、汽船）が他の船舶を追い越そうとする場合に準用する。（則第35条）

◆　広島港の航路の追越し・追越し信号の特定航法は、前記(1)の東京西

航路のものと同じである。

(4) 関門港　関門航路・早鞆瀬戸水路（図3・33の2，図9・16，図9・17）

　則第27条の2第1項及び第2項の規定（東京西航路）は，関門航路（関門橋西側線と火ノ山下潮流信号所から130度に引いた線との間の関門航路「早鞆瀬戸水路」を除く。）において，船舶（則第27条の2第2項を準用する場合にあっては，汽船）が他の船舶を追い越そうとする場合に準用する。（全文は則第38条第2項）

　◆　関門航路の追越し・追越し信号の特定航法は，前記(1)の東京西航路のものと同じである。

　　ただし，「早鞆瀬戸水路」は，船舶のふくそうに加え，航路幅が特段に狭く，強潮流の存在や見通しの悪さなど自然的条件が厳しい。また，総トン数100トン未満の西航船が門司埼に近寄る特定航法などがあることから，船舶交通の安全を図るために，同水路では追越しが禁止されている。

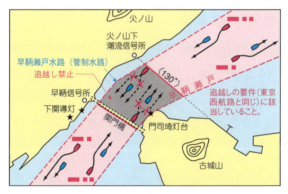

図3・33の2　航路で追い越すことができる特定航法（関門航路）と追越し禁止区間

§3-21　第15条（防波堤入口付近の航法）に関する特定航法

(1) 江名港及び中之作港（福島県小名浜港の北東方）（図3・34，図9・6）

　汽船が江名港又は中之作港の防波堤の入口又は入口付近で他の汽船と出会うおそれのあるときは，出航する汽船は，防波堤の内で入航する汽船の進路

を避けなければならない。(則第22条)

◆ この特定航法は,第15条は入航汽船が避航船であるのに対して,逆に出航汽船が避航船となる航法である。

両港は太平洋に面していて荒天時に風浪の影響を受けやすく,また,防波堤の外には岩礁が点在しているなど自然的条件が厳しい。しかも,

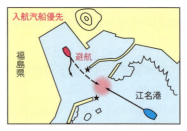

図3・34　入航汽船優先の特定航法

小型の船舶が多いため,入航汽船が防波堤の外で待避するのは危険であるので,まずこれを静かな港内に入れるためこの特定航法が定められた。

◆ 第15条に関する特定航法が定められているのは,現在,江名港及び中之作港の2港だけである。

§3-22　第17条(工作物の突端・停泊船舶付近における航法)に関する特定航法

第17条に関する特定航法は,現在規定されているものはない。

§3-23　第19条第2項(自然的条件以外)による特別の定め

第19条第2項は,「第13条から前条(第18条)に定めるもののほか,国土交通大臣は国土交通省令で一定の港における航法に関して特別の定めをすることができる」と定めている。

この第2項は,第1項と異なり,「地形,潮流その他の自然的条件により」の文言がないから,自然的条件以外の理由によっても特別の定めをすることができる。

第2項の規定による「特別の定め」は,施行規則に定められている。その特別の定めを例示すると,具体的には次のとおりで,§3-24～§3-34において説明する。

　　§3-24　特定港　曳航の制限
　　§3-25　京浜港　航行に関する注意
　　§3-26　阪神港大阪区　河川運河水面における追越し信号
　　§3-27　名古屋港　西航路屈曲部の出・入・横切りの禁止

第3章　航路及び航法（第19条）　　57

§3-28　京浜港　京浜運河等における追越し禁止等
§3-29　関門港　田野浦区から関門航路に入航する場合の航法
§3-30　関門港　早鞆瀬戸の航行速力
§3-31　航路航行船の航路接続部における優先関係の航法
　　　　(1)名古屋港　　(2)四日市港　　(3)博多港　　(4)関門港
§3-32　進路の表示
§3-33　縫航の制限
§3-34　那覇港　錨泊等の制限

§3-24　特定港　曳航の制限

(1)　船舶は，特定港内において，他の船舶その他の物件を引いて航行する
　ときは，引船の船首から被曳物件の後端までの長さは200メートルを超
　えてはならない。（則第9条第1項）
(2)　港長は，必要があると認めるときは，(1)の制限を更に強化すること
　ができる。（同条第2項）
【注】あらかじめ港長の許可を受けた場合については，(1)の規定は，適用しない。
　（則第21条第2項）

◪　港によっては，上記(2)の規定により，曳航の制限を強化していると
　ころがある。

　具体例
　(1)　釧路港東第1区において，船舶が他の船舶その他の物件を引くときは，
　　第9条第1項の規定にかかわらず，引船の船首から被曳物件の後端までの
　　長さは100メートル，被曳物件の幅は15メートルを超えてはならない。（則
　　第21条の4）
　(2)　船舶は，関門航路（関門港）において，汽艇等を引くときは，第9条第1
　　項によるほか，1縦列にしなければならない。（則第37条）

　【注】あらかじめ港長の許可を受けた場合については，上記(1)及び(2)の規定
　　は，適用しない。（則第21条第2項）

§3-25　京浜港　航行に関する注意（図3・36，図9・9）

　京浜運河から他の運河に入航し，又は他の運河から京浜運河に入航しよう
とする汽船は，京浜運河と当該他の運河との接続点の手前150メートルの地
点に達したときは，汽笛又はサイレンをもって長音1回を吹き鳴らさなけれ

ばならない。(則第28条)

◆ この長音1回は，京浜運河と他の運河（枝運河）との見通しの悪い場所において，自船の動作を他の船舶に知らせ注意を喚起するためである。

§3-26　阪神港大阪区　河川運河水面における追越し信号
（図9・12）

追越し信号（則第27条の2第2項・東京西航路）の規定は，阪神港大阪区河川運河水面において，汽船が他の船舶を追い越そうとする場合に準用する。(則第32条)

◆ 大阪区の河川運河水面は「航路」ではないが，その幅が狭く船舶の往来が激しいので，この追越し信号は，船舶交通の安全のため，汽船が他の船舶を追い越そうとするときに，「航路」と同様に追越し信号を行い，右舷側追越しか左舷側追越しかを他の船舶に知らせ注意を喚起するためである。

§3-27　名古屋港　西航路屈曲部の出・入・横切りの禁止
（図3・35，図9・10）

船舶が西航路の屈曲部を航行しているときは，その付近にある他の船舶は，航路外から航路に入り，航路から航路外に出，又は航路を横切って航行してはならない（則第29条の2第2項）

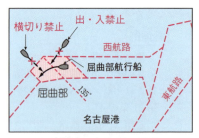

図3・35　屈曲部の航行船優先の特定航法（名古屋港西航路）

◆ この特定航法は，航路航行船が航路の屈曲部において安全に転針して航行することができるように，第13条第1項の航路航行船優先の規定よりも更に規制を強化し，航路への出入り等を禁止することで，屈曲部の航行船を保護したものである。

§3-28　京浜港　京浜運河等における追越し禁止等（図3・36）

(1) 船舶は，川崎第1区及び横浜第4区においては，他の船舶を追い越し

第3章　航路及び航法（第19条）

図3・36　追越し禁止，通り抜け禁止等の特定航法（京浜運河等）

てはならない。ただし，東京西航路の追越し（則第27条の2第1項）と同様に，①他の船舶が自船を安全に通過させるための動作をとることを要せず，②自船以外の船舶の進路を安全に避けられる場合は，この限りでない。

(2)　総トン数500トン以上の船舶は，京浜運河を通り抜けてはならない。

(3)　総トン数1,000トン以上の船舶は，塩浜信号所から238度1,080メートルの地点から152度に東扇島まで引いた線を超えて京浜運河を西行してはならない。

(4)　総トン数1,000トン以上の船舶は，京浜運河において，午前6時30分から午前9時までの間は船首を回転してはならない。（則第27条の3）

【注】あらかじめ港長の許可を受けた場合については，上記(2)及び(3)の規定は，適用しない。（則第21条第2項）

◆　この特定航法の(1)の規定は，京浜運河等を含む川崎第1区及び横浜第4区は，「航路」以外の水域であるが，船舶交通のふくそうする狭い水域であるので，原則として，航路と同様に，追越しを禁止したものである。ただし，規定の2つの要件に該当する場合には，東京西航路と同様に，追い越すことができる。

　(2)〜(4)の規定は，京浜運河は狭く，かつ付近に多くの岸壁を擁し多数の船舶が出入してふくそうするので，安全確保のために特に規制したものである。

§3-29　関門港　田野浦区から関門航路に入航する場合の航法
（図3・37，図9・16）

田野浦区から関門航路によろうとする汽船は，門司埼灯台から67度1,980メートルの地点から321度30分に引いた線以東の航路から入航しなければならない。(則第38条第1項第2号)

【注】図3・37に示すとおり，門司埼灯台から67°1,980mの地点に32号ブイ（右舷灯浮標）が設置されており，また同ブイから321.5°に引いた線は赤線で示している。

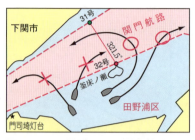

図3・37　田野浦区から関門航路に入航の特定航法

◘　この特定航法は，田野浦区から関門航路によろうとする汽船は，上記赤線以東から，端的にいえば，32号ブイ以東から入航することを定めたものである。

　その理由は，早鞆瀬戸は航路幅が狭く航路が湾曲し，潮流が激しく，しかも船舶の往来が多いので，同汽船がもし32号ブイ以西から同航路に入航しようとすると，①同瀬戸の航行船と危険な見合いを生じさせ，また②潮流の激しいときに同瀬戸で大角度の転針をすると自船を危険な状況に陥れかねないので，これらの危険を未然に避け，同瀬戸における船舶交通の安全を確保するためである。

【注】関門航路の側方（境界線）に設置されているブイについては，瀬戸内海の水源が関門海峡も含めて阪神港であることから，阪神港に向かって左側（境界線）に左舷標識（塗色・灯色は，緑色）が，右側（境界線）に右舷標識（塗色・灯色は，赤色）が設置されている。したがって，上記の32号ブイは，右舷標識（赤色）である。

◘　早鞆瀬戸を西行しようとする総トン数100トン未満の汽船は，上記の第1項第2号に規定する航法によらないことができるが，これについては，前述の§3-19(3)1．(則第38条第1項第3号）を参照されたい。

§3-30　関門港　早鞆瀬戸の航行速力（図3・38）

潮流をさかのぼり早鞆瀬戸を航行する汽船は，潮流の速度に4ノットを加

えた速力以上の速力を保たなければならない。(則第38条第1項第5号)

◪ この特定航法は，潮流の激しい早鞆瀬戸において，例えば，7ノットの逆潮中を8ノットで航行する船舶は，対地速力が1ノットで，1時間に1,852メートル，1分間に31メートルほどしか前進せず，超低速航行となる。これでは，後続の船舶が次々と渋滞する

図3・38 逆潮時は流速に4ノットを加えた速力以上の速力を保持する特定航法(早鞆瀬戸)

ことになり，船舶交通の安全を阻害するので，逆潮船に対し，潮流の速度に4ノットを加えた速力以上の速力の保持を命じたものである。

もし，逆潮船が早鞆瀬戸で流速度＋4ノット以上の速力を保持できないと判断した場合は，逆潮の流速度が緩む時期を選んで同瀬戸に差し掛かるようにしなければならない。

【注】(1) 同瀬戸を航行する逆潮船が流速度＋4ノット以上の速力を保持することができずに航行するおそれのある場合には，港長は航路外待機を指示することができることを定めている。(§3-6の2を参照されたい。)
(2) 豊後水道から瀬戸内海に入る上げ潮流は，2派に分かれ，1つは周防灘を西進して関門海峡に至り，他は伊予灘・安芸灘を東進し来島海峡を経て，燧灘・備後灘に至る。下げ潮流は，その逆である。したがって，関門海峡(早鞆瀬戸)においては，西流は上げ潮流(6.5kn)であり，東流は下げ潮流(8.5kn)である。

§3-31 航路航行船の航路接続部における優先関係の航法

(1) 名古屋港　航路接続部における優先関係の航法 (図3・39, 図9・10)

(1) 東航路を航行する船舶と西航路又は北航路を航行する船舶とが出会うおそれのある場合は，西航路又は北航路を航行する船舶は，東航路を航行する船舶の進路を避けなければならない。(則第29条の2第4項)

【注】以下，航路接続部における優先関係の航法の条文は，次のように略して掲げる。
例えば，上記の規定を「西航路又は北航路航行船は，東航路航行船の進路

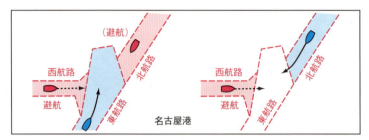

図3・39　航路接続部における優先関係の特定航法（名古屋港）

を避けなければならない。」と略する。

　　条文は，巻末の施行規則（p.135）を参照のこと。

(2) 西航路航行船（西航路を航行して東航路に入った船舶を含む。）は，北航路航行船（北航路を航行して東航路に入った船舶を含む。）の進路を避けなければならない。（同条第5項）

◆　これら3つの航路は，図3・39が示すように接続しているので，航路航行船は互いに他の2つの航路の航行船の有無や動静に十分に注意して航行し，出会うおそれのある場合は，上記の特定航法により避航船となる船舶は，狭い水域であることを十分考慮した上で，できる限り早期に，かつ大幅に動作をとらなければならない。

(2) **四日市港　航路接続部における優先関係の航法**（図3・40，図9・11）

午起航路航行船は，第1航路航行船の進路を避けなければならない。（則第29条の4）

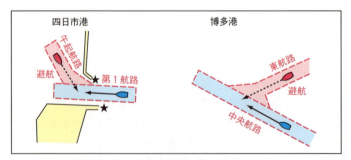

図3・40　航路接続部における優先関係の特定航法（四日市港・博多港）

第3章　航路及び航法（第19条）

(3) 博多港　航路接続部における優先関係の航法（図3・40, 図9・22）

　東航路航行船は，中央航路航行船の進路を避けなければならない。(則第44条)

(4) 関門港　航路接続部における優先関係の航法
　　（図3・41, 図3・42, 図9・17）

(1)　砂津航路，戸畑航路，若松航路又は関門第2航路航行船は，関門航路航行船の進路を避けなければならない。(則第38条第1項第7号)
◆　この特定航法は，図3・41が示すように，関門航路を主航路とし，一方，砂津航路等を分岐航路とする考え方で定められている。
(2)　安瀬航路航行船は，関門第2航路航行船の進路を避けなければならない。(図3・42。以下同じ。)(同項第8号)
(3)　若松航路航行船は，関門第2航路航行船の進路を避けなければならない。(同項第9号)
(4)　若松航路航行船は，戸畑航路航行船の進路を避けなければならない。(同項第10号)
(5)　奥洞海航路航行船は，若松航路航行船の進路を避けなければならな

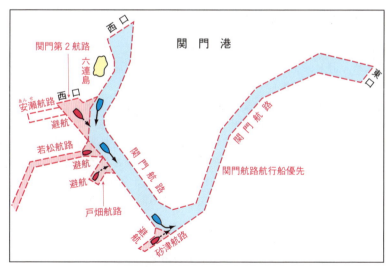

図3・41　航路接続部における優先関係の特定航法（関門港）

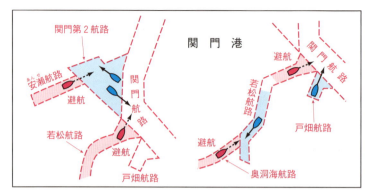

図 3·42　航路接続部における優先関係の特定航法（関門港）

い。（同項第 11 号）

§3-32　進路の表示

進路の表示について，施行規則第 11 条は，船舶が進路を他の船舶に知らせるため，(1) AIS（船舶自動識別装置）による進路情報の送信及び (2) 信号旗による進路の表示を定めている。

(1) AIS による進路情報の送信（則第 11 条第 1 項）

船舶は，港内又は港の境界付近を航行するときは，進路を他の船舶に知らせるため，海上保安庁長官が告示で定める記号（下記）を，AIS の目的地に関する情報として送信していなければならない。

ただし，AIS を備えていない場合及び船員法施行規則第 3 条の 16 のただし書規定により AIS を作動させていない場合においては，この限りでない。

◎ 港則法施行規則第 11 条第 1 項の規定による進路を他の船舶に知らせるために船舶自動識別装置の目的地に関する情報として送信する記号
（平成 22 年海上保安庁告示第 94 号，最近改正令和 2 年同告示第 32 号）
　AIS の目的地に関する情報として送信する記号は，以下の①〜③の組み合わせによることが定められている。
　① 仕向港を示す記号（別表第 1）
　② 仕向港での進路を示す記号（別表第 2）
　③ 出発港又は通過港での進路を示す記号（別表第 3）

第3章 航路及び航法（第19条） 65

別表第1 仕向港を示す記号

次の表の中欄に掲げる港又は港内の区域を仕向港とする場合の仕向港を示す記号は，「＞」と同表の右欄に掲げる記号とを組み合わせたものとする。

ただし，搭載している AIS の性能上「＞」を送信することが困難な場合にあっては，「ＴＯ」を付し，その後に1文字のスペースを空けることをもって代えることができるものとする。（「＞」又は「ＴＯ＿」）

東京都・神奈川県（抄）	京浜東京区	JP TYO
	京浜川崎区	JP KWS
	京浜横浜区	JP YOK

別表第2 仕向港での進路を示す記号

(1) 仕向港での進路を示す記号は，次に掲げるものとする。

 イ 仕向港の港内又は境界付近で錨泊しようとする場合にあっては「OFF」（ただし，当該錨泊しようとする錨地に向かって航行する進路が次の表の中欄に掲げられている場合にあっては，同表の右欄に掲げる進路を示す記号）

 ロ 次の表の左欄に掲げる港を仕向港とし，同表の中欄に掲げる進路にしたがって同港を航行する場合にあっては，同表の右欄に掲げる進路を示す記号（それ以外の進路にしたがって同港を航行する場合にあっては「XX」）

(2) (1)の仕向港での進路を示す記号は，別表第1による仕向港を示す記号の後に1文字のスペースを空け，その後に付するものとする。ただし書規定（略）

| 京浜東京区（抄） | 品川ふ頭に向かって航行する。 | S |
| | 東京国際クルーズふ頭桟橋又は青海コンテナふ頭に向かって航行する。 | R |

別表第3 出発港又は通過港での進路を示す記号

次の表の左欄を出発港又は通過港とし，同表の中欄に掲げる進路にしたがって同港を航行する場合における出発港又は通過港での進路を示す記号は，「／」と同表の右欄に掲げる進路を示す記号とを組み合わせたものとし，別表第1による仕向港を示す記号（別表第2による仕向港での進路を示す記号がある場合にあっては，当該仕向港での進路を示す記号）の後に付するものとする。

ただし，搭載している AIS の性能上「／」を送信することが困難な場合にあっては，1文字のスペースを空け，その後に「00」を付すことをもって代えることができるものとする。（「／」又は「＿00」）

港　名	出発港又は通過港での進路	進路を示す記号
関門（抄）	東口に向かって航行し，関門港（響新港区，新門司区を除く。）を通過又は出港する。	E
	西口の六連島東方に向かって航行し，関門港（響新港区，新門司区を除く。）を通過又は出港する。	WM

【注】 別表第3は，関門港1港のみについて定めている。

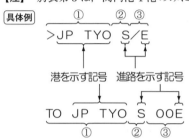

①京浜東京区を仕向港とし，②京浜東京区では品川ふ頭に向かって航行する場合であって，③途中，関門港を東口に向かって航行して，関門港を通過する船舶であることを表す。

(2) 信号旗による進路の表示（則第11条第2項）

　船舶は，次に掲げる港の港内を航行するときは，前部マストなどの見やすい場所に海上保安庁長官が告示で定める信号旗（下記）を掲げて進路を表示するものとする。ただし，当該信号旗を有しない場合又は夜間においては，この限りでない。

　釧路港，苫小牧港，函館港，秋田船川港，鹿島港，千葉港，京浜港，新潟港，名古屋港，四日市港，阪神港，水島港，関門港，博多港，長崎港，那覇港（第2項）

　◪　この規定は，船舶交通がふくそうする港で，複雑な見合い関係が発生しやすい水域において，船舶が互いに他の船舶の進路を前広に確認し，衝突のおそれのあるときは早期に衝突回避の動作をとることができるようにして，船舶交通の安全を図るために定めたものである。

　◎　港則法施行規則第11条第2項の港を航行するときの進路を表示する信号
　　　（平成7年海上保安庁告示第35号，最近改正令和2年同告示第32号）

第3章 航路及び航法（第19条）

具体例
四日市港（抄）

信　号	信　文
1代・1	第1航路を航行して出港する。
1代・U	午起航路から第1航路を航行して出港する。
1代・2	第2航路を航行して出港する。
2代・I・S	石原産業から昭和四日市石油に至る間の係留施設に向かって航行する。

【注】進路信号において，①1代を冠したものは，原則として「出港する又は通過する」を意味し，その後に航路，方向などを示す数字旗又は文字旗を用いている。また，②2代を冠したものは，原則として「係留施設又は一定の錨地に向かって航行する」を意味し，その後に港区，岸壁などを示す数字旗又は文字旗を用いている。

§3-33　縫航の制限（図3・43）

(1) 航路内の縫航禁止

帆船は，特定港の航路内を縫航（ジグザグ航行）してはならない。（則第10条）

(2) 港区の縫航禁止

帆船は，次に掲げる特定港の港区を縫航してはならない。
　(1)　関門港
　　　門司区，下関区，西山区及び若松区（則第41条）
　(2)　長崎港
　　　第1区及び第2区（則第45条）

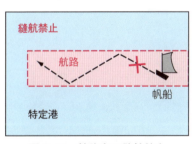

図3・43　航路内の縫航禁止

◆　船舶の通路である航路において，帆船のジグザグ航行禁止は当然であるが，船舶交通が特にふくそうする狭い上記の港区においても，航路と同様に，帆船のジグザグ航行を禁止したものである。

68　　　　　　　　　　　　　　　港則法

§3-34　那覇港　錨泊等の制限（図9・26）

　船舶は，那覇水路においては，次に掲げる場合を除いては，錨泊し，又は曳航している船舶その他の物件を放してはならない。

⑴　海難を避けようとするとき。

⑵　運転の自由を失ったとき。

⑶　人命又は急迫した危険のある船舶の救助に従事するとき。

⑷　法第31条の規定による港長の許可を受けて工事又は作業に従事するとき。

（則第49条）

◆　法第12条（航路内の投錨等の制限）の規定が航路において適用されるのに対して，那覇水路（航行管制の水路，§7-8）は，航路ではないが，狭い水域であるので，航路と同様に，錨泊等の制限を定めたものである。

【注】法第12条が投錨等の制限を定めているのに対して，上記の則第49条は，錨泊等の制限を定めているなど文言に相違がある。

第4章 危険物

第20条～第22条 危険物

> **第20条** 爆発物その他の危険物（当該船舶の使用に供するものを除く。以下同じ。）を積載した船舶は，特定港に入港しようとするときは，港の境界外で港長の指揮を受けなければならない。
> 2 前項の危険物の種類は，国土交通省令でこれを定める。

§4-1 危険物を積載した船舶の入港（第20条）

本条は，船舶交通の安全を図るため，危険物を積載した船舶は，その危険物の危険性にかんがみて，特定港に入港する前に，(1)港長の指揮を受けなければならないこと，及び(2)危険物の種類は国土交通省令で定めることを定めたものである。

(1) 港長の入港指揮（第1項）

危険物を積載した船舶は，特定港に入港しようとするときは，港の境界外で港長の指揮を受けなければならない。

- ◆ 港長の指揮は，実際には船舶が港外に達するまでに無線通信による連絡（§2-6(2)）等によって受けている場合が多い。
- ◆ 危険物のうち「当該船舶の使用に供するものを除く。」とあるが，除かれるのは，運搬が目的でなくその船舶が使用するため積載している危険物で，例えば，火せん，落下傘付信号，自己発煙信号などの信号火器類（予防法第37条，船舶救命設備規則）や運航用の燃料油，炊事用の高圧ガス等である。

  これらを積載しているだけなら，危険物を積載した船舶ではないので，本条をはじめ第4章の規定が定める規制の対象とはならない。
- ◆ 港長の指揮は，危険物を積載した船舶に対して，必要に応じて，航行速力の指示や引き船等の手配，油火災・油の船外流出・有毒物による中毒などの事故を防止するための注意や措置などの指示がなされる。

70　　　　　　　　　　　　　　港則法

(2) 危険物の種類（第2項）

　危険物の種類は，国土交通省令（則第12条）により告示に定められている。

　その告示は，「港則法施行規則の危険物の種類を定める告示」（昭和54年運輸省告示第547号，最近改正令和2年国土交通省告示第1590号）で，その大要は，項目のみを掲げると，次の表のとおりである。

　なお，同表に掲げる危険物は，危険物船舶運送及び貯蔵規則第2条第1号又は第1号の2に定めるところの危険物で，告示には物質名が詳細に掲げられている。（海事六法等を参照のこと。）

告示・別表（大要）（危険物の種類）

(1) 爆発物	(イ) 火薬類　危険物船舶運送及び貯蔵規則第2条第1号イに定める火薬類
	(ロ) 酸化性物質類（有機過酸化物）　同規則第2条第1号ホ(2)に定める有機過酸化物（船舶による危険物の運送基準等を定める告示（昭和54年運輸省告示第549号）別表第1の副次危険性等級が「1」のもの（一定の少量危険物及び一定の微量危険物を除く。）に限る。）
(2) その他の危険物	(イ) 高圧ガス
	(ロ) 引火性液体類
	(ハ) 可燃性物質類（可燃性物質）
	(ニ) 可燃性物質類（自然発火性物質）
	(ホ) 可燃性物質類（水反応可燃性物質）
	(ヘ) 酸化性物質類（酸化性物質）
	(ト) 酸化性物質類（有機過酸化物）
	(チ) 毒物類（毒物）
	(リ) 放射性物質等
	(ヌ) 腐食性物質
	(ル) その他（液体化学薬品（化学廃液に限る。））

> 告示には，それぞれの物質名が詳しく掲げられている。海事六法などを参照のこと。

（備考）上記(1)及び(2)に規定した危険物は，運送及び貯蔵の形態のいかんにかかわらず，危険物とする。

【注】 本法の「危険物を積載した船舶」と海交法に定める「危険物積載船」（海交法第22条）とは，その定義が異なっている。

> **第21条**　危険物を積載した船舶は，特定港においては，びょう地の指定を受けるべき場合を除いて，港長の指定した場所でなけれ

第4章　危険物（第22条）　　　71

> ば停泊し，又は停留してはならない。ただし，港長が爆発物以外
> の危険物を積載した船舶につきその停泊の期間並びに危険物の種
> 類，数量及び保管方法に鑑み差し支えないと認めて許可したとき
> は，この限りでない。

§4-2　危険物を積載した船舶の停泊・停留場所の指定（第21条）

　本条は，危険物を積載した船舶が，その危険物の危険性にかんがみ，特定
港においては，錨地の指定を受ける場合を除いて，港長の指定した場所でな
ければ，停泊・停留してはならないことを定めたものである。

◆　本文規定の停泊場所は，第5条第1項（特定港の一定の区域内に停
　　泊）の規定にかかわらず，港長が指定できるものである。

◆　本文規定に「停留」の文言があるのは，危険物を積載した船舶が着岸
　　しようとする岸壁に先着船がまだ係留しており，その空くのを待つた
　　め，その付近に速力を持たないで留まっているような場合を指す。この
　　停留も，危険物の危険防止のため規制の対象となる。

◆　ただし書規定により，港長が爆発物以外の危険物を積載した船舶につ
　　いて，一定の条件を満たして差し支えないと認めて許可したときは，停
　　泊場所の指定を受けなくてよいことになる。

　　　その許可の申請は，施行規則の定めにより，①停泊の目的・期間，②
　　停泊希望場所，③危険物の種類・数量・保管方法を具して，行わなけれ
　　ばならない。（則第13条）

> 第22条　船舶は，特定港において危険物の積込，積替又は荷卸を
> 　するには，港長の許可を受けなければならない。
> 2　港長は，前項に規定する作業が特定港内においてされることが
> 　不適当であると認めるときは，港の境界外において適当の場所を
> 　指定して同項の許可をすることができる。
> 3　前項の規定により指定された場所に停泊し，又は停留する船舶
> 　は，これを港の境界内にある船舶とみなす。
> 4　船舶は，特定港内又は特定港の境界付近において危険物を運搬
> 　しようとするときは，港長の許可を受けなければならない。

72 港則法

§4-3 危険物の荷役・運搬の許可 (第22条)

本条は，特定港において危険物の荷役をしたり，運搬をするときに，港長の許可を要することを定めたものである。

(1) 危険物の荷役の許可等 (第1項～第3項)

1. 危険物の荷役の許可 (第1項)

船舶は，特定港において危険物の荷役 (積込み，積替え又は荷卸し) をするには，港長の許可を受けなければならない。(第22条第1項)

◪ 荷役の許可の申請は，施行規則の定めにより，①作業の種類，②期間・場所，③危険物の種類・数量を具して，行わなければならない。(則第14条第1項)

2. 荷役を港の境界外に指定して許可 (第2項)

港長は，第1項の危険物の荷役作業が特定港内においてなされることが不適当と認めるときは，港の境界外の適当な場所を指定して第1項の許可をすることができる。(第22条第2項)

3. 境界外に指定されても港内にある船舶とみなすこと (第3項)

上記2.により指定された場所に停泊・停留する船舶は，これを港の境界内にある船舶とみなす。(第22条第3項)

◪ 上記3.により，港の境界外にある船舶であってもその境界内にある船舶として扱われるから，本法の規定が同船に適用され，また港長の権限が及ぶことになる。

(2) 危険物の運搬の許可 (第4項)

船舶は，特定港内又は特定港の境界付近において危険物を運搬しようとするときは，港長の許可を受けなければならない。(第22条第4項)

◪ 運搬の許可の申請は，施行規則の定めにより，①運搬の期間・区間，②危険物の種類・数量を具して，行わなければならない。(則第14条第2項)

◪ 近時，化学工業の発達に伴い危険物の取扱いが増え，有毒物の積載も多くなり，それによる中毒が荷役時にしばしば発生しているので，有毒物の荷役については，引火性液体類の火災防止とともに，厳重な注意を要する。

第4章　危険物（第22条）　　73

　　危険物の荷役や運搬を許可される場合に，危険防止や中毒防止について指示されたときは，これをよく遵守しなければならない。

◆　危険物に関する法令は，ほかに，⑴危険物船舶運送及び貯蔵規則，⑵同規則に基づく「船舶による危険物の運送基準等を定める告示」，「船舶による放射性物質等の運送基準の細目等を定める告示」及び「液化ガスばら積船の貨物タンクの技術基準を定める告示」，⑶海洋汚染等及び海上災害の防止に関する法律，⑷船員労働安全衛生規則等がある。

　　危険物船舶運送及び貯蔵規則は，船舶安全法第28条により，船舶の航行上の危険を防止するために定められたもので，①船舶による危険物の運送及び貯蔵，②常用危険物の取扱い，③これらに関し施設しなければならない事項及びその標準について規定している。

　　その内容は，①危険物の個品運送等，②ばら積み液体危険物（液化ガス物質，液体化学薬品，引火性液体物質，有害性液体物質）の運送，③危険物（火薬類等）の貯蔵，④常用危険物，⑤雑則，⑥罰則について定めている。

◆　危険物の規定に関連して，油送船の付近での喫煙又は火気の取扱いを制限する規定が，第37条（喫煙等の制限）に定められている。

◆　タンカーの引火による事故を防止するための航泊制限

　　引火性危険物積載タンカーの出入する特定港においては，これらの船舶の引火による事故を防止するため，第39条（船舶交通の制限・公示）により，一般船舶の航泊を制限しているものがある。

[具体例]

　水路通報（令和○○年○○項）

　　　　○○港—航泊制限（要旨）（図4·1）

　　○○港に停泊中の引火性危険物積載タンカーの引火による事故を防止するため当分の間，下記のとおり一般船舶の航泊が制限されている。

　　<u>制限区域</u>　港内に停泊中の引火性危険物積載タンカーから30m以内の海面

　　<u>制限事項</u>　船舶は，港内に引火性危険物積載タンカーが停泊している間，上記区域に立入ってはならない。ただし，下記に掲げる船舶を除く。

　　　⑴　港長が当該タンカーへの接舷を認め，本制限を解除した船舶

　　　⑵　下記条件を満足する給油船，交通船，引き船等の当該タンカーの運航に関係ある船舶及び官公庁用船舶であって当該タンカーの荷役中以外のときに接舷する船舶

㋑　甲板上又は船内の開放された場所において，喫煙，暖房，炊事，その他の火気を使用しておらず，あるいは火花を発するおそれのある修理又は作業を行っていないこと。
　　　㋺　煙突に火の粉の吐出を防止するに十分な装置を施していること。
　　　㋩　焼玉機関を使用していないこと。
備　考　引火性危険物積載タンカーに接舷中（接・離舷時を含む）の船舶は，下記事項を遵守しなければならない。
　（1）　船体の接触による火花の発生を防止するに十分な防舷物を使用すること。
　（2）　係留索にワイヤーロープを使用する場合は，船体との接触による火花の発生を防止するに十分な措置を講ずること。
　（3）　喫煙，暖房，炊事，その他の火気を使用し，あるいは火花を発するおそれのある修理又は作業を行わないこと。
　（4）　接舷時間は必要最小限とすること。
標　識　（1）　引火性危険物積載タンカーは，港内停泊中，夜間においても容易に視認できる「引火性危険物積載中」の垂れ幕を掲げている。
　（2）　危険物荷役専用桟橋に引火性の高圧ガス積載船が停泊しているときは，制限区域の境界線上に紅塗浮標（夜間は，紅灯点灯）が設置される。

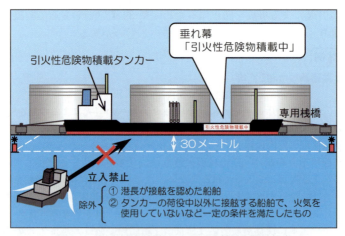

図4・1　引火性事故防止のための航泊制限（例）

第5章　水路の保全

第23条〜第25条　水路の保全

> **第23条**　何人も，港内又は港の境界外10,000メートル以内の水面においては，みだりに，バラスト，廃油，石炭から，ごみその他これらに類する廃物を捨ててはならない。
>
> 2　港内又は港の境界付近において，石炭，石，れんがその他散乱するおそれのある物を船舶に積み，又は船舶から卸そうとする者は，これらの物が水面に脱落するのを防ぐため必要な措置をしなければならない。
>
> 3　港長は，必要があると認めるときは，特定港内において，第1項の規定に違反して廃物を捨て，又は前項の規定に違反して散乱するおそれのある物を脱落させた者に対し，その捨て，又は脱落させた物を取り除くべきことを命ずることができる。

§5-1　廃物及び散乱物に関する規制（第23条）

本条は，水路の保全のため，廃物の投捨て禁止，散乱物の脱落防止及び港長の廃物・散乱物の除去命令権を定めたものである。

(1) 廃物の投捨て禁止（第1項）

第1項は，すべての港則法の適用港の港内又は境界（ハーバー・リミット）外10,000メートル以内の水面において，みだりに廃物を捨てることを禁止している。

- ◆　バラスト，廃油，石炭から，ごみその他これに類する廃物は，水面又は水面下に浮かんで推進器に絡み付いたり，冷却水パイプを詰まらせたり，水底に沈んで水深を浅くしたり，引火する危険をもたらしたり，廃液によっては船体を腐食させるなどして，船舶交通に支障を生じるので，当然のことながら，投捨てを禁止したものである。
- ◆　「何人も」とあるから，船舶から捨てる場合だけでなく，陸岸から捨

てる場合も含まれる。

◆ 「みだりに」捨てることを禁止しているもので、もし船舶の安全を確保するため、やむを得ず捨てるような場合は、みだりではないから許される。

◆ 「水面」とは、陸地に対する水面の意味で、海面も河川運河水面も含んだものである。

◆ 「廃油」とは、船舶内又は陸上において生じた不要な油である。
もし、船舶が廃油でなく「油」を排出した場合は、本条の適用ではなく、海洋汚染等及び海上災害の防止に関する法律の規制対象となる。

◆ 港内及び境界外 10,000 メートル以内の水面は、港則法のほか、海洋汚染等及び海上災害の防止に関する法律の適用があり、両法を満足しなければならない。したがって、もし海洋汚染等及び海上災害の防止に関する法律で適法に排出されたものであっても、水路の保全を害するときは、港則法違反となる。

(2) 散乱物の脱落防止（第2項）

第2項は、すべての適用港の港内又は境界付近において、貨物である石炭等の散乱するおそれのある物を荷役する者は、これらの物が水面に脱落するのを防ぐため必要な措置をしなければならないと定めている。

◆ 石炭、石、れんがなどを水面に脱落させると、廃物の投捨てと同様に、船舶交通の支障となる。
脱落するのを防ぐ措置としては、舷側にカーゴネットやキャンバスを張ったり、滑り板を取り付けるなどの方法がとられる。

(3) 廃物・散乱物の除去命令（第3項）

第3項は、水路の保全のため、特定港内において、第1項又は第2項の規定を遵守しない者に対して、港長の捨て又は脱落した物の除去を命ずる権限を定めたものである。

◆ この除去命令権は、条文に明示されているとおり、特定港内のみに適用されるものである。

第24条 港内又は港の境界付近において発生した海難により他の

第5章　水路の保全（第25条）　　77

> 船舶交通を阻害する状態が生じたときは，当該海難に係る船舶の船長は，遅滞なく標識の設定その他危険予防のため必要な措置をし，かつ，その旨を，特定港にあっては港長に，特定港以外の港にあっては最寄りの管区海上保安本部の事務所の長又は港長に報告しなければならない。ただし，海洋汚染等及び海上災害の防止に関する法律（昭和45年法律第136号）第38条第1項，第2項若しくは第5項，第42条の2第1項，第42条の3第1項又は第42条の4の2第1項の規定による通報をしたときは，当該通報をした事項については報告をすることを要しない。

§5-2　海難発生時における船長の措置（第24条）

　本条は，すべての港則法の適用港の港内又は境界付近において発生した海難により他の船舶交通を阻害する状態が発生したときは，危険予防のため，当該海難に係る船舶の船長は，次の措置をとらなければならないと定めたものである。

(1)　遅滞なく標識の設定その他危険予防のため必要な措置をとる。

(2)　港長（特定港以外の港にあっては，最寄りの管区海上保安本部の事務所の長又は港長）に報告する。

　　ただし，海洋汚染等及び海上災害の防止に関する法律第38条（油等の排出の通報等）第1項など一定の規定による通報をしたときは，通報した事項については報告をすることを要しない。

◪　「海難に係る船舶」とは，海難に関係した船舶のことで，損傷等を受けた船舶だけでなく，それを受けなくても海難の発生に直接関係した船舶も含まれる。

◪　(1)の標識の設定等の措置は，具体的には，海交法施行規則第28条（「図説 海上交通安全法」§3-4）に定めているものが該当する。

> **第25条**　特定港内又は特定港の境界付近における漂流物，沈没物その他の物件が船舶交通を阻害するおそれのあるときは，港長は，当該物件の所有者又は占有者に対しその除去を命ずることができる。

§5-3 漂流物等の除去命令 (第25条)

本条は，水路の保全のため，特定港又はその付近における漂流物，沈没物その他の物件の除去を当該物件の所有者等に命ずることができる港長の権限を定めたものである。

◘ 「その他の物件」とは，例えば，朽ちて使用できなくなったポンツーンのように漂流物でも沈没物でもない水路の障害物のことである。

◘ 「占有者」とは，現実に当該物件を支配していた者と解される。

（備考）民法上は自己のためにする意志を持って物を所持する者をいい，また刑法上は所持者と同様に解されている。

【注】本条の規定は，第45条（準用規定）により，特定港以外の港に準用される。

第6章 灯火等

> **第26条** 海上衝突予防法（昭和52年法律第62号）第25条第2項本文及び第5項本文に規定する船舶は，これらの規定又は同条第3項の規定による灯火を表示している場合を除き，同条第2項ただし書及び第5項ただし書の規定にかかわらず，港内においては，これらの規定に規定する白色の携帯電灯又は点火した白灯を周囲から最も見えやすい場所に表示しなければならない。
> 2　港内にある長さ12メートル未満の船舶については，海上衝突予防法第27条第1項ただし書及び第7項の規定は適用しない。

§6-1　小型の船舶の灯火の常時表示（第26条）

予防法第25条及び第27条は一定の小型の船舶に対して，①臨時表示を認める灯火又は②表示することを要しない灯火を定めているが，港内は船舶交通がふくそうするので，その安全を図るため，本条は，これらの灯火を常時表示することについて，次のとおり定めている。

(1) 予防法で臨時表示を認められている灯火の常時表示（第1項）

⑴　航行中の長さ7メートル未満の帆船の白色の携帯電灯又は点火した白灯（図6・1）

臨時表示（予防法第25条第2項ただし書）　→　常時表示

図6・1　航行中の長さ7m未満の帆船の灯火

図6・2　航行中のろかい船の灯火

80　　　　　　　　　　　　　　港則法

(2)　航行中のろかい船の白色の携帯電灯又は点火した白灯（図6・2）
　　　　臨時表示（予防法第25条第5項ただし書）　→　常時表示

(2)　予防法で表示を要しない灯火の常時表示（第2項）

　(1)　航行中の長さ12メートル未満の運転不自由船の灯火
　　　　表示を要しない（予防法第27条第1項ただし書）　→　常時表示
　(2)　航行中又は錨泊中の長さ12メートル未満の操縦性能制限船（潜水夫
　　　による作業に従事しているものを除く。）の灯火
　　　　表示を要しない（予防法第27条第7項）　→　常時表示

> **第27条**　船舶は，港内においては，みだりに汽笛又はサイレンを
> 吹き鳴らしてはならない。

§6-2　汽笛吹鳴の制限（第27条）

　本条は，港内は多数の船舶が出入したり停泊したりするため，予防法や本
法に規定されている信号（例えば，操船信号，警告信号，追越し信号，火災
警報）を行わねばならないことが多く，みだりに汽笛又はサイレンを吹き鳴
らすと無用の混乱を起こし，船舶交通の安全を損なうことになるので，当然
のことながら，みだりにそれらを吹き鳴らしてはならないことを明文化した
ものである。

　　◪　「みだりに」とは，社会通念上，正当な理由があると認められない場
　　　合をいう。したがって，例えば，①船舶の危急を知らせるために汽笛を
　　　吹鳴したり，②汽笛の吹鳴テストを行うために，軽くこれを吹鳴するこ
　　　とは，これに該当しない。

　【注】予防法においては，「汽笛」とは長音及び短音を発する装置をいい，「サイ
　　　レン」という用語は用いられていない。この点において，本法と予防法とで
　　　は，法の制定時期がかなり違っていることもあり，用語の用い方が異なって
　　　いる。

第6章　灯火等（第29条〜第30条）　　81

> **第28条**　特定港内において使用すべき私設信号を定めようとする
> 者は，港長の許可を受けなければならない。

§6-3　私設信号の許可（第28条）

　本条は，私設信号の使用を使用者の自由に委ねると，特に船舶交通のふく
そうする特定港においては，その信号による無用の混乱が起きるので，港長
の許可を要することを定めたものである。

◪　私設信号とは，普通信号など次に掲げる信号（①，②及び③）以外の
　　信号のことであって，これは，私企業体，個人など信号を定めようとす
　　る者のいかんを問わず，また対象が一般船舶であるかどうかによって区
　　別されるものでもない。
　　　①　普通信号（国際信号書による信号）
　　　②　法律に規定された信号
　　　　（例）操船信号，警告信号，霧中信号（予防法）
　　　　　　　火災警報（港則法）
　　　③　法律に基づいて国が定めた信号
　　　　（例）数字旗1，入・出航時の信号，航行管制の信号，進路を表
　　　　　　　示する信号（港則法施行規則）
　　　　　　　危険物積載船の灯火・標識（海交法施行規則）
　　　　　　　赤旗・赤灯（危険物船舶運送及び貯蔵規則）
◪　私設信号の具体例としては，「係留施設の使用に関する私設信号」（告
　　示，§2-6）がある。
　　　港長が係留施設の使用に関する私設信号を許可したときは，海上保安
　　庁長官は，これを告示することになっている。（則第5条第3項）
【注】本条の規定は，第45条（準用規定）により，特定港以外の港に準用され
　　る。

第29条〜第30条　火災警報

> **第29条**　特定港内にある船舶であって汽笛又はサイレンを備える

> ものは，当該船舶に火災が発生したときは，航行している場合を
> 除き，火災を示す警報として汽笛又はサイレンをもって長音（海
> 上衝突予防法第32条第3項の長音をいう。）を5回吹き鳴らさな
> ければならない。
>
> 2　前項の警報は，適当な間隔をおいて繰り返さなければならない。
>
> **第30条**　特定港内に停泊する船舶であって汽笛又はサイレンを備
> えるものは，船内において，汽笛又はサイレンの吹鳴に従事する
> 者が見やすいところに，前条に定める火災警報の方法を表示しな
> ければならない。

§6-4　火災警報（第29条～第30条）

　第29条及び第30条は，火災は自船のみならず，特に船舶交通がふくそう
する特定港においては他の船舶にも引火・類焼の危険を及ぼすおそれがある
ので，自船に火災が発生したときは，これを他の船舶に的確かつ早急に知ら
せるため，その警報について，次のとおり定めたものである。

	警報の方法（第29条）	方法の表示（第30条）
火災警報	長音5回（ーーーーー） ① 特定港内にある船舶で汽笛・サイレンを備えるものが自船に火災が発生したとき（航行中を除く。）に吹鳴 ② 適当な間隔をおいて繰り返し吹鳴	吹鳴に従事する者（停泊当直者など）が見やすいところに，警報の方法（左欄）を表示する。

　（備考）1. 長音は，予防法の定める長音と明示しているから，4秒以上6秒以下
　　　　　の時間継続する吹鳴である。
　　　　2. 火災警報は，長音をジャスト5回吹き鳴らすことに定められている。

◆　「航行している場合を除き」とあるのは，航行中に船舶に火災が発生
　したときは，船長以下乗組員全員が在船しており，非常配置（消火作
　業）で十分な措置を講ずることができ，その多くは停泊に移行して消
　火作業を行うであろうし，また航行中の船舶が火災警報を吹鳴すること
　は，他の音響信号と混同するおそれがあるからである。

第7章　雑　則

第31条～第34条　工事等の許可及び進水等の届出

> **第31条**　特定港内又は特定港の境界附近で工事又は作業をしよう
> とする者は，港長の許可を受けなければならない。
> 2　港長は，前項の許可をするに当り，船舶交通の安全のために必
> 要な措置を命ずることができる。

§7-1　工事等の許可及び措置命令（第31条）

　本条は，特定港における船舶交通の安全を図るため，①工事・作業を許可
制とすること，及び②その許可をするに当たり，港長は必要な措置を命ずる
ことができることを定めたものである。

- ◆　特定港の「境界付近」とは，特定港での船舶の出入など船舶交通の安
　全を妨げるおそれのある範囲の港の境界外の水域である。
- ◆　「工事又は作業」には，漁業の手段として行う養殖棚や定置網などの
　設置作業も含まれる。また，「工事又は作業をしようとする者」とは，
　工事又は作業をしようとする責任者を指す。
- 【注】本条の規定は，第45条（準用規定）により，特定港以外の港に準用され
　る。

> **第32条**　特定港内において端艇競争その他の行事をしようとする
> 者は，予め港長の許可を受けなければならない。

§7-2　端艇競争等の行事の許可（第32条）

　本条は，特定港における船舶交通の安全を図るため，端艇競争等の行事を
許可制とすることを定めたものである。

- ◆　例えば，「海の日」に特定港内でカッター・レースを催す場合などは，
　まず港長の許可を受けなければならない。

> **第33条** 特定港の国土交通省令で定める区域内において長さが国土交通省令で定める長さ以上である船舶を進水させ，又はドックに出入させようとする者は，その旨を港長に届け出なければならない。

§7-3 進水・ドック出入の届出 （第33条）

　本条は，特定港における船舶交通の安全を図るため，一定の区域内における一定の長さ以上の船舶の進水又はドックの出入を届出制とすることを定めたものである。

◆ 「国土交通省令で定める区域」及び「国土交通省令で定める船舶の長さ」は，施行規則第20条・別表第3に定められている。

具体例

施行規則・別表第3 （則第20条関係）（進水等の届出）

港の名称	区　　域	船舶の長さ
函　館	第2区	150メートル
阪　神	堺泉北第2区，神戸第1区	50メートル
	大阪第3区	25メートル

◆ 「進水させ，又はドックに出入させようとする者」とは，造船所を指す。

> **第34条** 特定港内において竹木材を船舶から水上に卸そうとする者及び特定港内においていかだをけい留し，又は運行しようとする者は，港長の許可を受けなければならない。
>
> **2** 港長は，前項の許可をするに当り船舶交通安全のために必要な措置を命ずることができる。

§7-4 竹木材の荷卸し等の許可及び措置命令 （第34条）

　本条は，特定港において，船舶交通の安全を図るため，①竹・木材の水上荷卸し及びいかだの係留・運行を許可制とすること，並びに②港長は許可を

第7章　雑　則（第35条）　　　　　85

するに当たり，必要な措置を命ずることができることを定めたものである。
- ◆　竹・木材やこれらを束ねたいかだは，広い水面を占めて船舶交通を阻害するおそれがあり，ときには水面下に没して推進器を折損するなどのおそれもあることから，船舶交通の安全のため，本条の規制を設けたものである。
- 【注】第2項中の「当り」（制定当時）は，改定送り仮名の付け方では「当たり」である。

第35条　漁ろうの制限

> 第35条　船舶交通の妨となる虞のある港内の場所においては，みだりに漁ろうをしてはならない。

§7-5　漁ろうの制限（第35条）

　本条は，すべての適用港の港内は一般に船舶交通がふくそうするので，漁ろうをする者は，船舶交通を阻害するような「みだりに漁ろう」をしてはならないと，航法以前において，漁ろうそのものを制限したものである。（図7・1）
- ◆　本条の「漁ろう」とは，予防法上の「漁ろうに従事している船舶」の場合の漁ろうだけでなく，その他の漁ろう（一本釣りなど）や陸岸から行っている漁ろうも含んだものである。
　本条は，みだりに漁ろうをすることを禁止しているもので，漁ろうを全面的に禁止しているものではない。
- ◆　港内において，もし，漁ろうに従事している船舶と一般船舶とが接近した場合には，本条は航法を規定したものでないから，航法上は予防法（第9条第3項又は第18条第1項・第2項など）の規定によることになる。この場合に，漁ろうをしている場所が一般

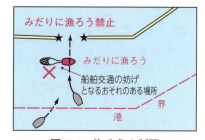

図7・1　漁ろうの制限

船舶の通航を妨げるようなときは，予防法第9条第3項ただし書の規定又は注意義務（予防法第38条・第39条）により，漁ろうに従事している船舶が一般船舶の通航を妨げない動作を直ちにとらなければならない。

このときに，もし，みだりに漁ろうをしていたとすれば，本条により，その違法を問われることになる。

第36条　灯火の制限

> **第36条**　何人も，港内又は港の境界附近における船舶交通の妨となる虞のある強力な灯火をみだりに使用してはならない。
>
> **2**　港長は，特定港内又は特定港の境界附近における船舶交通の妨となる虞のある強力な灯火を使用している者に対し，その灯火の減光又は被覆を命ずることができる。

§7-6　灯火の制限（第36条）

本条第1項は，すべての適用港の港内又は港の境界付近は荷役用の灯火や陸上施設の灯火など海上及び陸上の灯火が多く，もしこれらの灯火で強力なものがあると，船舶交通の妨げとなるので，当然のことながら，何人も船舶交通の安全上，強力な灯火をみだりに使用してはならないと定めたものである。

第2項は，港長は特定港内又はその境界付近における強力な灯火の使用者に対し，船舶交通の安全のため，灯火の減光・被覆を命ずることができると定めたものである。

■　「何人も」とあるとおり，船舶だけでなく陸上で灯火を使用する者にも適用がある。

■　「みだりに」強力な灯火を使用したことになるのは，航行船の操船者の目を眩惑させ操船の妨げとなる灯火を使用したような場合である。

したがって，例えば，①荷役中の船舶が極度に明るいカーゴライトを辺りかまわず点けたり，②漁船が港の境界付近で強烈に明るい集魚灯をむやみに点けたり，③港近くの海岸通りの店舗が強力な照明の大型の看

第 7 章　雑　則（第 37 条）　　　87

板を掲げるようなことをしてはならない。

　船舶の操船の妨げとならないように，灯火を消したり，その光度を減じたり，船舶の方向に光が漏れないようカバーをしたりすることなどが必要である。

【注】本条第 2 項の規定は，第 45 条（準用規定）により，特定港以外の港に準用される。

第 37 条　喫煙等の制限

> **第 37 条**　何人も，港内においては，相当の注意をしないで，油送船の付近で喫煙し，又は火気を取り扱ってはならない。
> **2**　港長は，海難の発生その他の事情により特定港内において引火性の液体が浮流している場合において，火災の発生のおそれがあると認めるときは，当該水域にある者に対し，喫煙又は火気の取扱いを制限し，又は禁止することができる。ただし，海洋汚染等及び海上災害の防止に関する法律第 42 条の 5 第 1 項の規定の適用がある場合は，この限りでない。

§7-7　喫煙・火気取扱いの制限（第 37 条）

　本条は，港内において，大きな災害となり勝ちであるタンカーの油火災の発生や引火性の液体の浮流している場合の火災の発生を防止するため，喫煙等の制限を定めたものである。

(1) 油送船付近での喫煙・火気取扱いの禁止（第 1 項）

　何人も，すべての適用港の港内においては，相当の注意をしないで，油送船の付近で喫煙し，又は火気を取り扱ってはならない。（第 37 条第 1 項）

◆　第 1 項は，短い条文であるが，重要な規定である。

　過去に発生したタンカー火災による乗組員の死傷，船体の損傷などの被害は，甚大でかつ凄惨なものであった。よって関係者は，これらを教訓として，その再発の防止に十二分に努めなければならない。

◆　「何人も」とあるから，タンカーの乗組員だけでなく，荷役作業員，

88　　港則法

来訪者，接舷する船舶の乗組員，タンカーの係留岸壁にいる者など，すべての関係者を指す。

(2) 浮流する引火性の液体に対し喫煙・火気取扱いの制限・禁止（第2項）

　港長は，海難の発生その他の事情により特定港内において引火性の液体が浮流している場合において，火災の発生のおそれがあると認めるときは，当該水域にある者に対し，喫煙又は火気の取扱いを制限し，又は禁止することができる。（第37条第2項本文）

　ただし，海洋汚染等及び海上災害の防止に関する法律第42条の5第1項（海上保安庁長官は海上火災の発生のおそれがある海域にある者に対し火気の使用の制限・禁止等を命ずることができる。）の規定の適用がある場合は，上記の本文規定と重複する事項については，本文規定によることを要しない。（第2項ただし書）

　◆　第2項は，特定港内で引火性の液体が浮流した場合（海難の発生による流出のほかでは，例えば，乗組員がバルブの操作をミスしたことによる油の流出）に，港長は，火災の発生を防止するため，当該水域にある者に対し，喫煙又は火気の取扱いを制限・禁止することができると定めたものである。

　【注】本条第2項の規定は，第45条（準用規定）により，特定港以外の港に準用される。

第38条〜第39条　船舶交通の制限等

> **第38条**　特定港内の国土交通省令で定める水路を航行する船舶は，港長が信号所において交通整理のため行う信号に従わなければならない。
>
> **2**　総トン数又は長さが国土交通省令で定めるトン数又は長さ以上である船舶は，前項に規定する水路を航行しようとするときは，国土交通省令で定めるところにより，港長に次に掲げる事項を通報しなければならない。通報した事項を変更するときも，同様とする。

第7章　雑　則（第38条）　　89

　(1)　当該船舶の名称
　(2)　当該船舶の総トン数及び長さ
　(3)　当該水路を航行する予定時刻
　(4)　当該船舶との連絡手段
　(5)　当該船舶が停泊し，又は停泊しようとする当該特定港の係留
　　施設
3　次の各号に掲げる船舶が，海上交通安全法第22条の規定によ
　る通報をする際に，あわせて，当該各号に定める水路に係る前項
　第5号に掲げる係留施設を通報したときは，同項の規定による通
　報をすることを要しない。
　(1)　第1項に規定する水路に接続する海上交通安全法第2条第1
　　項に規定する航路を航行しようとする船舶　　当該水路
　(2)　指定港内における第1項に規定する水路を航行しようとする
　　船舶であって，当該水路を航行した後，途中において寄港し，
　　又はびょう泊することなく，当該指定港に隣接する指定海域に
　　おける海上交通安全法第2条第1項に規定する航路を航行しよ
　　うとするもの　　当該水路
　(3)　指定海域における海上交通安全法第2条第1項に規定する航
　　路を航行しようとする船舶であって，当該航路を航行した後，
　　途中において寄港し，又はびょう泊することなく，当該指定海
　　域に隣接する指定港内における第1項に規定する水路を航行し
　　ようとするもの　　当該水路
4　港長は，第1項に規定する水路のうち当該水路内の船舶交通が
　著しく混雑するものとして国土交通省令で定めるものにおいて，
　同項の信号を行ってもなお第2項に規定する船舶の当該水路にお
　ける航行に伴い船舶交通の危険が生ずるおそれがある場合であっ
　て，当該危険を防止するため必要があると認めるときは，当該船
　舶の船長に対し，国土交通省令で定めるところにより，次に掲げ
　る事項を指示することができる。
　(1)　当該水路（海上交通安全法第2条第1項に規定する航路に接
　　続するものを除く。以下この号において同じ。）を航行する予定
　　時刻を変更すること（前項（第2号及び第3号に係る部分に限

　　　　る。）の規定により第2項の規定による通報がされていない場合
　　　　にあっては，港長が指定する時刻に従って当該水路を航行する
　　　　こと。）。
　　(2)　当該船舶の進路を警戒する船舶を配備すること。
　　(3)　前二号に掲げるもののほか，当該船舶の運航に関し必要な措
　　　　置を講ずること。
　5　第1項の信号所の位置並びに信号の方法及び意味は，国土交通
　　省令で定める。

§7-8　国土交通省令で定める水路（管制水路）における交通整理（航行管制）（第38条第1項）

　本条は，特定港のうち，大型船などの船舶の入出航の激しい一定の港の国土交通省令で定める水路において，船舶交通の安全と効率化のため，交通整理を行うことを定めたものである。

　特定港内の国土交通省令で定める水路を航行する船舶は，港長が信号所において交通整理のために行う信号に従わなければならない。（第38条第1項）

　第1項は，国土交通省令で定める水路（以下「管制水路」と略することがある。）を航行する船舶に，港長が船舶交通の安全と効率化を図るために行う交通整理（以下「航行管制」と略することがある。）の信号に従う義務を課したものである。

　◆　この航行管制は，図7・2に示すように，例えば，入航船（一定の大型船）Aに入航することを認めた場合に，出航船（一定の大型船）Bに対しては，運航停止・待機を指示するが，小型の出航船Cに対しては，Aの大きさに応じて，その大きさを決めて，効率的に出航を認める方法で行われる。

　◆　「国土交通省令で定める水路」は，施行規則第20条の2・別表第4に定められている。

　　同別表によれば，その管制水路

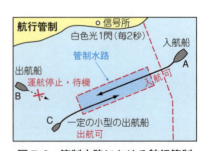

図7・2　管制水路における航行管制

第7章　雑　則（第38条）　　91

は，現在，次に掲げる特定港に設けられており，港によっては複数の水
路が存在している。

　　苫小牧，八戸，仙台塩釜，鹿島，千葉，京浜，新潟，名古屋，四日
　　市，阪神，水島，関門，高知，佐世保，那覇
【注】「国土交通省令で定める水路」（管制水路）（第38条）と「国土交通省令
　　で定める航路」（航路）（第11条）とを混同しないよう注意を要する。
　　(1)　管制水路は，上記のとおり，陸上のゴー・ストップの信号と同様に，
　　　信号により航行管制を行うために設けられたものである。
　　(2)　航路は，第11条により船舶の通航路として設けられたもので，汽艇
　　　等以外の船舶は航路による義務があり，航路航法（第13条）及び航路
　　　外待機の指示（第14条）の規定が定められている。

§7-9　管制水路を航行する船舶の名称等の通報など
（第2項，第3項）

(1) 船舶の名称等の通報 （第2項）

　総トン数又は長さが国土交通省令で定めるトン数又は長さ以上である船舶
は，前項に規定する水路を航行しようとするときは，国土交通省令で定める
ところにより，港長に次に掲げる事項を通報しなければならない。
　(1)　当該船舶の名称
　(2)　当該船舶の総トン数及び長さ
　(3)　当該水路を航行する予定時刻
　(4)　当該船舶との連絡手段
　(5)　当該船舶が停泊し，又は停泊しようとする当該特定港のけい留施設
　第2項は，管制水路における航行管制を安全で効率的に行い，船舶交通が
いたずらに渋滞することがないようにするため，港長が，当該水路を航行し
ようとする船舶の名称など上記事項をよく把握しておく必要があるので，船
舶にその通報義務を課したものである。

　◆　総トン数又は長さが「国土交通省令で定めるトン数又は長さ以上であ
　　る船舶」は，「国土交通省令で定めるところ」により通報しなければな
　　らないが，国土交通省令（施行規則）は，例えば，次のとおり定めてい
　　る。

92　　　　　　　　　　　　港則法

具体例

航行に関する注意（阪神港）（則第33条第5項，第6項）

　　則第33条第5項　総トン数40,000トン（油送船にあっては，1,000トン）
　　以上の船舶は，神戸中央航路を航行して入航し，又は出航しようとする
　　ときは，法第38条第2項各号に掲げる事項（同項第3号に掲げる事項は，
　　入航しようとするときにあっては当該航路入口付近に達する予定時刻と
　　し，出航しようとするときにあっては運航開始予定時刻とする。）を，そ
　　れぞれ入航予定日又は運航開始予定日の前日正午までに港長に通報しな
　　ければならない。

　　第6項　前各項の事項を通報した船舶は，当該予定時刻に変更があったと
　　きは，直ちに，その旨を港長に通報しなければならない。

　　【注】油送船は，その危険性にかんがみて，通報義務において一般船舶より総
　　トン数が小さいものまで規制されている。施行規則において，油送船とは，
　　次のいずれかに該当するものに限る。（則第23条の2第1項）

　　(1)　①原油，②液化石油ガス，又は③密閉式引火点測定器により測定した
　　　　引火点が23℃未満の液体を積載している船舶

　　(2)　引火性又は爆発性の蒸気を発する物質を荷卸し後ガス検定を行い，火
　　　　災又は爆発のおそれのないことを船長が確認していない船舶

(2)　管制水路と海交法の航路の両方を航行する場合の通報の省略（第3項）

　本条第3項は，海交法又は港則法に基づき，それぞれ海上保安庁長官又は
港長に対して別々に行う通報を，同長官への通報に一本化することで重複を
避け，手続を簡素化したものである。

　次の船舶が，海交法第22条の通報（巨大船等の航行に関する通報）をす
る際に，あわせて管制水路に係る第2項第5号の係留施設を通報したとき
は，同項による通報をすることを要しない。

　(1)　管制水路（第1項）に接続する海交法の航路を航行しようとする船舶
　　　（第1号）

　(2)　指定港内の管制水路及び隣接する指定海域における航路の両方を航行
　　　しようとする船舶で，当該水路及び当該航路間の途中において寄港し，
　　　又は錨泊することがないもの。（第2号，第3号）

　◆　第1号に該当するものは現在1か所だけで，水島港の港内航路（管制
　　　水路）が海交法の水島航路に接続している。

　◆　従来は，別々に通報することを要しないのは第1号に該当する場合の

みであったが，指定港と指定海域に対する第2号及び第3号の規定が新設された。（平成28年法律第42号）

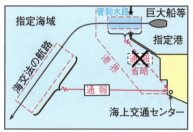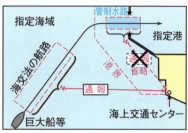

図7・2の2　指定港における通報の省略

§7-9の2　管制水路を航行する船舶に対する港長の指示（第4項）

第38条第4項は，船舶の管制信号待ちや渋滞を緩和し，船舶交通の危険防止と効率化を図るため，管制水路の航行に関し事前通報義務のある船舶（第2項）の船長に対して，港長が当該水路の入航時刻等を指示できることを定めたものである。

◆　適用対象となる水路は，次の表に掲げるとおりである。
（則第20条の2第2項）

港	水　路
千葉港	千葉航路，市原航路
京浜港	東京東航路，東京西航路，鶴見航路 京浜運河，川崎航路，横浜航路
名古屋港	東水路，西水路，北水路

港長は，国土交通省令（則第20条の2第3項）で定めるところにより，次に掲げる事項を指示することができる。

(1) 管制水路（海交法の航路に接続するものを除く。）を航行する予定時刻を変更すること。なお，第3項第2号及び第3号の規定により，第2項の通報が省略されている場合は，港長が指定する時刻に従って当該水路を航行しなければならない。

(2) 船舶局のある船舶にあっては，水路入航予定時刻の3時間前から当該水路から水路外に出るときまでの間における海上保安庁との連絡を保持

94 港則法

すること。

(3) 当該船舶の進路を警戒する船舶又は航行を補助する船舶を配備すること。

(4) 上記のほか，当該船舶の運航に関し必要と認められる事項に関すること。

§7-10　管制水路における航行管制のための信号（第5項）

第1項の信号所の位置並びに信号の方法及び意味は，国土交通省令で定める。（第5項）

第5項は，航行管制のために行う信号は国土交通省令で定めることを定めたものである。

その「信号所の位置並びに信号の方法及び意味」は，施行規則第20条の2・別表第4に定められている。（図7・3）

具体例

施行規則・別表第4（則第20条の2関係）（航行管制の信号）

港の名称	水路	信号所の位置	信号の方法		信号の意味
			昼間	夜間	
水島	港内航路	水島信号所（北緯34度28分43秒東経133度45分31秒）（図7・3）参照	177度，242度及び310度方向に面する信号板による。		
			Iの文字の点滅		入航船は，入航することができること。長さ70メートル以上の出航船は，運航を停止して待たなければならないこと。長さ70メートル未満の出航船は，出航することができること。
			Oの文字の点滅		出航船は，出航することができること。長さ70メートル以上の入航船は，航路外において，出航船の進路を避けて待たなければならないこと。長さ70メートル未満の入航船は，入航することができること。

第7章　雑　則（第38条）　　　　　　　95

			Fの文字の点滅	長さ200メートル以上の入航船は，航路外において，出航船の進路を避けて待たなければならないこと。 長さ200メートル以上の出航船は，運航を停止して待たなければならないこと。 長さ200メートル未満の入出航船は，入出航することができること。
			Xの文字及びIの文字の交互点滅	航路内において航行中の入出航船は，入出航することができること。 航路外にある長さ70メートル以上の入出航船は，航路外において，航路内において航行中の入出航船の進路を避けて待たなければならないこと。 航路外にある長さ70メートル未満の入出航船は，入出航することができること。 信号が，間もなくIの文字の点滅に変わること。
			Xの文字及びOの文字の交互点滅	航路内において航行中の入出航船は，入出航することができること。 航路外にある長さ70メートル以上の入出航船は，航路外において，航路内において航行中の入出航船の進路を避けて待たなければならないこと。 航路外にある長さ70メートル未満の入出航船は，入出航することができること。 信号が，間もなくOの文字の点滅に変わること。

Xの文字及びFの文字の交互点滅	航路内において航行中の入出航船は，入出航することができること。 航路外にある長さ70メートル以上の入出航船は，航路外において，航路内において航行中の入出航船の進路を避けて待たなければならないこと。 航路外にある長さ70メートル未満の入出航船は，入出航することができること。 信号が，間もなくFの文字の点滅に変わること。
Xの文字の点滅	航路内において航行中の入出航船は，入出航することができること。 航路外にある入出航船は，航路外において，航路内において航行中の入出航船の進路を避けて待たなければならないこと。 信号が，間もなくXの文字の点灯に変わること。
Xの文字の点灯	港長の指示を受けた船舶以外の船舶は，入出航してはならないこと。

【注】(1)　上記の表及び図7・3で分かるとおり，水島港では，「航路」（第12条）の区域が，本条の「管制水路」にもなっている。

　　　(2)　水島港の管制水路は，前述したとおり，海交法の「水島航路」に接続しているので，水島信号所の信号は，海交法の水島航路の管制信号所（西ノ埼・三ツ子島）の信号と連係して行われている。

第7章 雑則（第38条）

図7・3　国土交通省令で定める水路（管制水路）（水島港）

◆　航行管制の信号は，水島信号所など電光文字板で表示する方法が増えているが，その方法のうち，代表的なものをあげ，その意味を示すと，あらまし，次のとおりである。このほかに，特殊信号，予告信号などがあるが，ここでは略する。

電光文字板による主な信号
（神戸信号所（神戸中央航路の航行管制）の一部を例示）

名称	信号の方法		信号の意味（要旨）
	昼間	夜間	
入航 信号	Ⅰの文字の点滅 （In のⅠ）		• 入航船は，入航できる。 • 500 総トン以上の出航船は，運航を停止して待機。 • 500 総トン未満の出航船は，出航できる。
出航 信号	Oの文字の点滅 （Out のO）		• 出航船は，出航できる。 • 500 総トン以上の入航船は，航路（水路）外において出航船の進路を避けて待機。 • 500 総トン未満の入航船は，入航できる。
自由 信号	Fの文字の点滅 （Free のF）		• 40,000 総トン（油送船にあっては 1,000 総トン）以上の入航船は，航路（水路）外において出航船の進路を避けて待機。 • 40,000 総トン（油送船にあっては 1,000 総トン）以上の出航船は，運航を停止して待機。 • 40,000 総トン（油送船にあっては 1,000 総トン）未満の入出航船は，入出航できる。
禁止 信号	Xの文字の点灯 （Xは，バツ印 の × を連想）		• 港長の指示船以外は，入出航禁止。

【注】(1) 付近水域の海上交通情報を提供するため，船舶交通がふくそうする水域に船舶通航信号所（苫小牧港，京浜港，名古屋港，四日市港，阪神港，関門港，高知港，佐世保港，仙台塩釜港，鹿島港，千葉港等）が設けられている。

(2) 管制水路を航行しようとする船舶は，あらかじめ航行管制の信号の方法及び意味を，施行規則・別表第4で確かめておかなければならない。

◆ 信号所によっては，電光文字板でなく，従来の灯火・形象物による信号の方法で行われている。その方法を例示すると，次のとおりである。

第7章　雑　則（第38条）　　99

灯火・形象物による主な信号（阪神港浜寺信号所（浜寺水路の航行管制）の例）

名称	信号の方法		信号の意味（要旨）
	昼間	夜間	
入航信号	毎2秒に白色光1閃 ←2秒→ 黒　上向き円すい形		・入航船は，入航できる。 ・500総トン以上の出航船は，運航を停止して待機。 ・500総トン未満の出航船は，出航できる。
出航信号	毎2秒に赤色光1閃 ←2秒→ 黒　方形		・出航船は，出航できる。 ・500総トン以上の入航船は，水路外において出航船の進路を避けて待機。 ・500総トン未満の入航船は，入航できる。
自由信号	毎3秒に赤色光1閃・白色光1閃 ←3秒→ 黒　鼓形		・10,000総トン以上の入航船は，水路外において出航船の進路を避けて待機。 ・10,000総トン以上の出航船は，運航を停止して待機。 ・10,000総トン未満の入出航船は，入出航できる。
禁止信号	毎6秒に赤色光3閃・白色光3閃 ←6秒→ 黒　鼓形 赤　方旗		・港長の指示船以外は，入出航禁止。

【注】本条は，第45条（準用規定）により，特定港以外の港に準用される。

> **第39条** 港長は，船舶交通の安全のため必要があると認めるとき
> は，特定港内において航路又は区域を指定して，船舶の交通を制
> 限し又は禁止することができる。
> **2** 前項の規定により指定した航路又は区域及び同項の規定による
> 制限又は禁止の期間は，港長がこれを公示する。
> **3** 港長は，異常な気象又は海象，海難の発生その他の事情により
> 特定港内において船舶交通の危険が生じ，又は船舶交通の混雑が
> 生ずるおそれがある場合において，当該水域における危険を防止
> し，又は混雑を緩和するため必要があると認めるときは，必要な
> 限度において，当該水域に進行してくる船舶の航行を制限し，若
> しくは禁止し，又は特定港内若しくは特定港の境界付近にある船
> 舶に対し，停泊する場所若しくは方法を指定し，移動を制限し，
> 若しくは特定港内若しくは特定港の境界付近から退去することを
> 命ずることができる。ただし，海洋汚染等及び海上災害の防止に
> 関する法律第42条の8の規定の適用がある場合は，この限りで
> ない。
> **4** 港長は，異常な気象又は海象，海難の発生その他の事情により
> 特定港内において船舶交通の危険を生ずるおそれがあると予想さ
> れる場合において，必要があると認めるときは，特定港内又は特
> 定港の境界付近にある船舶に対し，危険の防止の円滑な実施のた
> めに必要な措置を講ずべきことを勧告することができる。

§7-11　一時的な船舶交通の制限等（第39条）

　本条は，前条（第38条）が管制水路で船舶の航行管制を行うという恒常^{こうじょう}的な船舶交通の制限であるのに対して，工事等による一時的な，あるいは異常な気象等による臨機の船舶交通の制限等を定めたものである。

(1) 一時的な交通制限（第1項）

　第1項は，港長が船舶交通の安全のため必要があると認めるときに，特定港内において，港長が一時的に船舶の交通を制限・禁止することを定めたものである。

第7章　雑　則（第39条）　　101

具体例
　ある特定港において，新しい岸壁の築造工事を行う場合に，船舶交通の安全のため，どうしても交通の制限を行わなければならないときに，港長が必要最小限の範囲で区域，期間等を定め，工事に従事する船舶以外の船舶の航泊を禁止するようなものである。

(2) 一時的な交通制限の公示（第2項）

　第2項は，第1項により一時的に船舶の交通を制限・禁止した場合には，港長はその制限事項（区域，期間など。）を公に知らせるため公示することを定めたものである。

　公示は，公示文（下記）の掲示（海上保安部等の掲示板），水路通報，管区水路通報，航行警報，海上交通情報，ラジオ放送，関係者への通報などの方法によって周知される。

具体例

　港長公示　第○○−○号
　港則法第39条第1項の規定により，次のとおり船舶の航泊を禁止したから，同条第2項の規定により公示する。
　　令和○○年4月22日

　　　　　　　　　　　　　　　　　　　　　　　○　○　港　長
　　　　　　　○○港○○区○○東方海域における航泊禁止について
　○○港○○区○○防波堤築造工事のため，下記により船舶（当該作業に従事する工事作業船，警戒船等を除く。）の航泊を禁止する。
　　　　　　　　　　　　　　　　記
1　期間　令和○○年6月1日から当分の間
2　区域　次の各地点を順次に結んだ線及び岸線により囲まれた海面
　　イ地点　北緯○○度○○分49.7秒　東経○○度○○分18.4秒（岸線上）
　　ロ地点　北緯○○度○○分54.4秒　東経○○度○○分40.2秒
　　ハ地点　北緯○○度○○分36.5秒　東経○○度○○分47.3秒
　　ニ地点　北緯○○度○○分31.5秒　東経○○度○○分18.4秒（岸線上）
3　制限事項
　　船舶は，上記第1項の期間中に上記第2項の区域において，航行及び停泊をしてはならない。ただし，港長が認めた船舶については除く。
4　標識
　　航泊禁止区域を明示するため，次の各地点に赤旗及び黄色灯付黄色塗

浮標（4秒1閃光）が設置される。
　(1) 上記第2項のイ地点付近海上，ロ地点，ハ地点及びニ地点付近海上
　(2) 上記第2項のイ，ロ地点の間，ロ，ハ地点の間，及びハ，ニ地点の間
5　備考
　　工事区域周辺には，警戒船が配備される。

(3) 臨機の交通制限（第3項）

　第3項は，異常な気象又は海象，海難の発生等による船舶交通の危険を防止し，又は混雑を緩和するため，港長は特定港内にある船舶に対して停泊する場所等を指定し，移動を制限して又は特定港内若しくは境界付近からの退去を命ずることができると定めたものである。（図7・3の2）

　この規定は，第1項の一時的な交通制限とは異なり，公示（第2項）する時間的余裕がない場合における臨機の交通制限である。

　ただし，海洋汚染等及び海上災害の防止に関する法律第42条の8（海上保安庁長官は，海上火災等による船舶交通の障害の発生により，船舶交通の危険が生じ又は生ずるおそれがある場合，周辺海域を航行する船舶の航行を制限し又は禁止することができる。）の規定の適用がある場合は，上記本文規定と重複する事項については，本文規定によることを要しない。

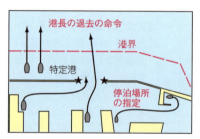

図7・3の2　港長の停泊場所等の指定又は退去の命令

(4) 異常な気象等による危険の防止のための港長の勧告（第4項）

　第4項は，異常な気象又は海象，海難の発生等により特定港内において船舶交通の危険を生ずるおそれがあると予想される場合において，港長は特定港内又はその境界付近にある船舶に対し，危険の防止の円滑な実施のために必要な措置を講ずべきことを勧告することができると定めたものである。

◆　この勧告の制度は，近時の船舶交通のふくそう化等に対処して，特定港内又はその境界付近にある船舶の危険を防止するために設けられたものである。

第 7 章　雑　則（第 40 条）　　　103

【注】(1)　「勧告」（第 4 項）とは，命令と異なり，あるべき措置をとることを勧
　　　めるとの意味である。勧告を受けた船舶は，その勧告を尊重して，危険
　　　の防止のための措置を講ずべきである。
　　(2)　本条の規定は，第 45 条（準用規定）により，特定港以外の港に準用
　　　される。

第 40 条　原子力船に対する規制

> 第 40 条　港長は，核原料物質，核燃料物質及び原子炉の規制に関
> する法律（昭和 32 年法律第 166 号）第 36 条の 2 第 4 項の規定に
> よる国土交通大臣の指示があったとき，又は核燃料物質（使用済
> 燃料を含む。以下同じ。），核燃料物質によって汚染された物（原
> 子核分裂生成物を含む。）若しくは原子炉による災害を防止する
> ため必要があると認めるときは，特定港内又は特定港の境界付近
> にある原子力船に対し，航路若しくは停泊し，若しくは停留する
> 場所を指定し，航法を指示し，移動を制限し，又は特定港内若し
> くは特定港の境界付近から退去することを命ずることができる。
> 2　第 20 条第 1 項の規定は，原子力船が特定港に入港しようとす
> る場合に準用する。

§7-12　原子力船に対する規制（第 40 条）

　本条は，原子力船の核燃料物質等による危険性に対処するため，特定港又
はその境界付近にある同船に対する交通規制等について定めたものである。

(1) 原子力船に対する災害防止のための交通規制（第 1 項）

　第 1 項は，港長は国土交通大臣の一定の指示があったとき，又は核燃料物
質，原子炉等による災害を防止するため必要があると認めるときは，特定港
又はその境界付近にある原子力船に対し，①航路や停泊場所等の指定，②航
法の指示，③移動の制限又は④退去命令をすることができると定めている。
　【注】上記の航路は，第 11 条の定める「航路」ではなく，単に船舶の通路の意
　　　である。それは，同条に，「次条（第 12 条）から第 39 条まで及び第 41 条に

おいて航路という」と定めており，本条はその条項に該当しないからである。

(2) 原子力船に対する港の境界外での港長の指揮（第2項）

　第2項は，原子力船が核燃料物質を自船の使用に供する燃料として積載している場合は，危険物を積載した船舶に該当しない（第20条第1項かっこ書）ことになるから，その燃料の危険性にかんがみて，第20条第1項の規定を原子力船に準用することとし，危険物を積載している船舶と同様に，特定港の境界外で港長の指揮を受けなければならないと定めたものである。

　【注】本条の規定は，第45条（準用規定）により，特定港以外の港に準用される。

第41条　港長が提供する情報の聴取

第41条　港長は，特定船舶（小型船及び汽艇等以外の船舶であって，第18条第2項に規定する特定港内の船舶交通が特に著しく混雑するものとして国土交通省令で定める航路及び当該航路の周辺の特に船舶交通の安全を確保する必要があるものとして国土交通省令で定める当該特定港内の区域を航行するものをいう。以下この条及び次条において同じ。）に対し，国土交通省令で定めるところにより，船舶の沈没等の船舶交通の障害の発生に関する情報，他の船舶の進路を避けることが容易でない船舶の航行に関する情報その他の当該航路及び区域を安全に航行するために当該特定船舶において聴取することが必要と認められる情報として国土交通省令で定めるものを提供するものとする。

2　特定船舶は，前項に規定する航路及び区域を航行している間は，同項の規定により提供される情報を聴取しなければならない。ただし，聴取することが困難な場合として国土交通省令で定める場合は，この限りでない。

第7章　雑　則（第41条）　　　105

§7-12の2　港長が提供する情報の聴取（第41条）

　本条は，次条（第42条）とともに，近時の船舶交通のふくそう化等に対処して，船舶の安全な航行を援助するために特定船舶に対する措置について定めたものである。

(1)　港長による船舶の安全な航行を援助するための情報の提供（第1項）

　第1項は，「特定船舶」に対する港長による情報の提供について定めている。

　1.　特定船舶

　　特定船舶とは，小型船及び汽艇等以外の船舶であって，第18条第2項に規定する特定港（京浜港など6港）内の次に掲げる①航路及び②区域を航行するものをいう。

　　①　船舶交通が特に著しく混雑するものとして国土交通省令（則第20条の3第1項）で定める航路（別表第5中欄）

　　②　上記航路の周辺の特に船舶交通の安全を確保する必要があるものとして国土交通省令（則第20条の3第1項）で定める上記特定港内の区域（別表第5下欄）

　　具体的には，次の港における各航路及びその周辺の区域が定められている。

　　千葉港：千葉航路，市原航路

　　京浜港：東京東航路，東京西航路，川崎航路，鶴見航路，横浜航路

　　名古屋港：東航路，西航路，北航路

　　関門港：関門航路，関門第2航路

◆　関門港を例に挙げると，特定船舶とは，次のとおりである。

　　図7・4に示す関門港内の情報提供エリアにある関門航路及び関門第2航路並びにその周辺の上記②の区域を航行する総トン数300トンを超える船舶である。

◆　関門港内の関門航路及び関門第2航路は，§3-19の(2)及び(3)において述べたとおり，船舶交通が特に著しく混雑するところであって，その周辺の上記の区域も同様に，特に船舶交通の安全確保が必要な水域である。

◆　千葉港，京浜港及び名古屋港においては，特定船舶とは，上記の各航

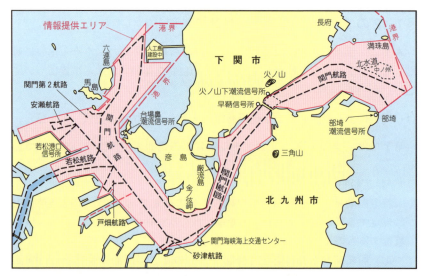

図7・4 特定船舶の適用航路（関門航路及び関門第2航路）並びに適用区域（関門港）

路及びその周辺の区域を航行する総トン数500トンを超える船舶のことである。
- 情報の提供は，告示により，VHF無線電話により行われる。（則第20条の3第2項）
2. 港長が提供する情報（則第20条の3第3項）
   (1) 特定船舶が情報提供エリアにおいて適用される交通方法に従わないで航行するおそれがあると認められる場合における，当該交通方法に関する情報
   (2) 船舶の沈没，航路標識の機能の障害の発生その他の船舶交通の障害の発生に関する情報であって，特定船舶の航行の安全上著しい支障を及ぼすおそれがあるものに関する情報
   (3) 特定船舶が，工事又は作業が行われている海域，船舶の沈没等の船舶交通の障害が発生している海域，水深が著しく浅い海域その他の当該特定船舶が安全に航行することが困難な海域に著しく接近するおそれがある場合における，当該海域に関する情報
   (4) 他の船舶の進路を避けることが容易でない船舶の航行に関する情報であって，特定船舶の航行の安全上著しい支障を及ぼすおそれがある

第7章 雑 則（第42条） 107

ものに関する情報

⑸ 特定船舶が他の特定船舶に著しく接近するおそれがあると認める場合における，当該他の特定船舶に関する情報

⑹ 上記⑴～⑸のほか，特定船舶において聴取することが必要と認められる情報

(2) 特定船舶の情報の聴取義務（第2項）

第2項は，特定船舶が第1項の航路及び区域を航行している間は，同項の情報を聴取しなければならないことを定めている。

ただし，聴取することが困難な場合は，この限りではない。

【注】ただし書規定により聴取義務が免除される場合は，次のとおりである。（則第20条の4）

① VHF無線電話を備えていない場合

② 電波の伝搬障害等によりVHF無線電話による通信が困難な場合

③ 他の船舶等とVHF無線電話による通信を行っている場合

【注】各海上交通センターが運用する船舶通航信号所及び同センターが行う情報の提供等の方法に関する告示

以下の告示は，下記の各海上交通センターが運用する船舶通航信号所について周知するとともに，港則法施行規則の規定による情報の提供，勧告及び指示の実効性を向上させ，もって，船舶の安全な航行に役立てようとするものである。

⑴ 東京湾海上交通センターが運用する横浜船舶通航信号所及び同センターが行う情報の提供等の方法に関する告示（平成30年海上保安庁告示第5号，最近改正令和3年同告示第23号）

⑵ 関門海峡海上交通センター関係の同告示（平成22年同告示第170号，最近改正令和2年同告示第13号）

⑶ 名古屋港海上交通センター関係の同告示（平成23年同告示第132号，最近改正同上）

海上交通センター名称	船舶通航信号所名称	呼出名称
東京湾海上交通センター	横浜船舶通航信号所	とうきょうマーチス
関門海峡海上交通センター	門司船舶通航信号所	かんもんマーチス
名古屋港海上交通センター	名古屋船舶通航信号所	なごやハーバーレーダー

これらの告示では，次の方法ごとに，内容，通信の冒頭に冠する通信符号等が定められている。

① 一般情報（船舶を特定せずに行われる情報）の提供の方法：MF 無線電話，インターネット・ホームページ又は AIS
② 船舶を特定して行われる情報の提供の方法：VHF 無線電話又は AIS
③ 特定船舶等に対する情報の提供（則第 20 条の 3 第 2 項，則第 20 条の 6 第 2 項，則第 20 条の 10 第 1 項）の方法：VHF 無線電話
④ 勧告（則第 20 条の 5，則第 20 条の 8）の方法：VHF 無線電話又は電話
⑤ 航路外待機の指示（則第 8 条の 2）の方法：VHF 無線電話又は電話

なお，この告示の定めるところによりセンターが行う情報の提供，勧告及び指示を受けるに当たっては，VHF の常時聴取の推奨や提供情報等の制約の他，次に掲げる事項等に留意しなければならないと規定されている。

① 情報の提供は，船舶の安全な航行等を援助するため，船舶に対し，センターにおいて観測された事実及び状況等を伝えるものであり，操船上の指示をするものではないこと。
② 勧告は，船舶の安全な航行等を援助するため，船舶に対し，進路の変更その他の必要な措置を促すものであり，操船上の指示をするものではないこと。

第 42 条　航法の遵守及び危険の防止のための勧告

第 42 条　港長は，特定船舶が前条第 1 項に規定する航路及び区域において適用される交通方法に従わないで航行するおそれがあると認める場合又は他の船舶若しくは障害物に著しく接近するおそれその他の特定船舶の航行に危険が生ずるおそれがあると認める場合において，当該交通方法を遵守させ，又は当該危険を防止するため必要があると認めるときは，必要な限度において，当該特定船舶に対し，国土交通省令で定めるところにより，進路の変更その他の必要な措置を講ずべきことを勧告することができる。

2　港長は，必要があると認めるときは，前項の規定による勧告を受けた特定船舶に対し，その勧告に基づき講じた措置について報告を求めることができる。

第7章 雑 則（第43条） 109

§7-12の3 航法の遵守及び危険の防止のための勧告（第42条）

本条は，前条と同様に，船舶の安全な航行を援助するために特定船舶に対する措置について定めたものである。

(1) 航法の遵守及び危険の防止のための勧告（第1項）

港長は，特定船舶が前条第1項に規定する航路及び区域（具体例として，図7・4参照）において，①適用される交通方法に従わないで航行するおそれがあると認める場合又は②他の船舶若しくは障害物に著しく接近するおそれその他の特定船舶の航行に危険が生ずるおそれがあると認める場合において，(1)当該交通方法を遵守させ，又は(2)当該危険を防止するため，必要があると認めるときは，必要な限度において，当該特定船舶に対し，次のことを勧告することができる。

それは，「国土交通省令で定めるところ」により，進路の変更その他の必要な措置を講ずべきことである。（第1項）

◆ 国土交通省令は，次のように定めている。

勧告は，海上保安庁長官が告示で定めるところにより，VHF無線電話その他の適切な方法により行うものとする。（則第20条の5）

(2) 勧告を受けた特定船舶の講じた措置の報告（第2項）

港長は，必要があると認めるときは，勧告を受けた特定船舶に対し，その勧告に基づき講じた措置について報告を求めることができる。（第2項）

◆ 港長が勧告を受けた特定船舶に対して報告を求めるのは，当該船舶が勧告に基づき講じた措置が適切であったかどうかを確かめ，船舶交通の安全に資するためである。

第43条 異常気象等時特定船舶に対する情報の提供等

第43条 港長は，異常な気象又は海象による船舶交通の危険を防止するため必要があると認めるときは，異常気象等時特定船舶

110 港則法

> （小型船及び汽艇等以外の船舶であって，特定港内及び特定港の境
> 界付近の区域のうち，異常な気象又は海象が発生した場合に特に船
> 舶交通の安全を確保する必要があるものとして国土交通省令で定め
> る区域において航行し，停留し，又はびょう泊をしているものをい
> う。以下この条及び次条において同じ。）に対し，国土交通省令で
> 定めるところにより，当該異常気象等時特定船舶の進路前方にびょ
> う泊をしている他の船舶に関する情報，当該異常気象等時特定船舶
> のびょう泊に異状が生ずるおそれに関する情報その他の当該区域に
> おいて安全に航行し，停留し，又はびょう泊をするために当該異常
> 気象等時特定船舶において聴取することが必要と認められる情報と
> して国土交通省令で定めるものを提供するものとする。
>
> 2　前項の規定により情報を提供する期間は，港長がこれを公示する。
>
> 3　異常気象等時特定船舶は，第1項に規定する区域において航行し，
> 停留し，又はびょう泊をしている間は，同項の規定により提供さ
> れる情報を聴取しなければならない。ただし，聴取することが困
> 難な場合として国土交通省令で定める場合は，この限りでない。

§7-12の4　異常気象等の発生時における情報の提供等（第43条）

　本条は，次条（第44条）とともに，特に勢力の大きい台風や津波の来襲
といった異常な気象又は海象が発生した場合に，海上にある重要施設の周辺
等の特に船舶交通の安全を確保する必要がある区域において，船舶の安全な
航行等を援助するための措置について定めたものである。

(1) 港長による船舶の安全な航行等を援助するための情報の提供（第1項）

　第1項は，「異常気象等時特定船舶」に対する港長による情報の提供につ
いて定めている。

1. 異常気象等時特定船舶（第1項前段）

　異常気象等時特定船舶とは，下記のいずれにも該当する船舶である。

(1)　小型船及び汽艇等以外の船舶

(2)　特定港内及び特定港の境界付近の国土交通省令で定める区域におい
　　て航行し，停留し，又は錨泊をしている船舶

　　国土交通省令で定める区域としては，現在のところ，京浜港の一定

の区域（図7・5参照）のみが定められている。（則第20条の6第1項，別表第6）

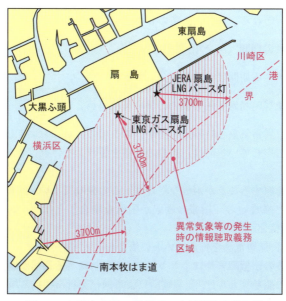

図7・5　異常気象等の発生時の走錨対策強化区域

2. 港長が提供する情報（第1項後段）

港長は，国土交通省令（則第20条の6第3項）で定める次に掲げる情報を提供する。

① 異常気象等時特定船舶の進路前方に錨泊をしている他の船舶に関する情報
② 異常気象等時特定船舶の錨泊に異状が生ずるおそれに関する情報
③ 異常気象等時特定船舶の周辺に錨泊をしている他の異常気象等時特定船舶の錨泊の異状の発生又は発生のおそれに関する情報
④ 船舶の沈没，航路標識の機能の障害その他の船舶交通の障害であって，異常気象等時特定船舶の航行，停留又は錨泊の安全に著しい支障を及ぼすおそれのあるものの発生に関する情報
⑤ 上記に掲げるもののほか，当該区域において安全に航行し，停留

112　　港則法

し，又は錨泊をするために異常気象等時特定船舶において聴取することが必要と認められる情報

◆　この情報の提供は，告示で定めるところにより，VHF 無線電話によって行われる。(則第 20 条の 6 第 2 項)

(2) 情報提供の期間（第 2 項）

情報を提供する期間は，港長が公示する。

(3) 異常気象等時特定船舶の情報の聴取義務（第 3 項）

第 3 項は，異常気象等時特定船舶が，第 1 項の区域において航行し，停留し，又は錨泊をしている間は，同項の情報を聴取しなければならないことを定めている。

ただし，聴取することが困難な場合は，この限りでない。

◆　ただし書規定の「情報の聴取が困難な場合」とは，次のとおりである。(則第 20 条の 7)
①　VHF 無線電話を備えていない場合
②　電波の伝搬障害等により VHF 無線電話による通信が困難な場合
③　他の船舶等と VHF 無線電話による通信を行っている場合

第 44 条　異常気象等時特定船舶に対する危険の防止のための勧告

第 44 条　港長は，異常な気象又は海象により，異常気象等時特定船舶が他の船舶又は工作物に著しく接近するおそれその他の異常気象等時特定船舶の航行，停留又はびょう泊に危険が生ずるおそれがあると認める場合において，当該危険を防止するため必要があると認めるときは，必要な限度において，当該異常気象等時特定船舶に対し，国土交通省令で定めるところにより，進路の変更その他の必要な措置を講ずべきことを勧告することができる。
2　港長は，必要があると認めるときは，前項の規定による勧告を受けた異常気象等時特定船舶に対し，その勧告に基づき講じた措

第7章 雑　則（第44条）　113

> 置について報告を求めることができる。

§7-12の5　異常気象等時特定船舶に対する危険の防止のための勧告（第44条）

本条は，前条と同様に，異常な気象又は海象が発生した場合に，海上にある重要施設の周辺等の特に船舶交通の安全を確保する必要がある区域において，船舶の安全な航行等を援助するための措置について定めたものである。

(1) 港長による異常気象等時特定船舶に対する勧告（第1項）

港長は，異常な気象又は海象の発生時において，①異常気象等時特定船舶が，他の船舶又は工作物に著しく接近するおそれがあると認める場合，②異常気象等時特定船舶の航行，停留又は錨泊に危険が生ずるおそれがあると認める場合において，その危険を回避するために，当該異常気象等時特定船舶に対し，国土交通省令で定めるところにより，進路の変更その他の必要な措置を講ずべきことを勧告することができる。

◆　第1項の規定による勧告は，告示で定めるところにより，VHF無線電話その他の適切な方法により行われる。（則第20条の8）

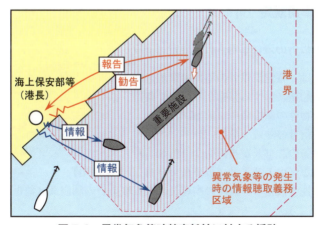

図7・6　異常気象等時特定船舶に対する援助

(2) 勧告を受けた異常気象等時特定船舶の講じた措置の報告（第2項）

　港長は，必要があると認めるときは，勧告を受けた異常気象等時特定船舶に対し，その勧告に基づき講じた措置について報告を求めることができる。

◆　従来は，港内における船舶の安全な運航を援助するための情報提供や勧告等の制度は，航路及びその周辺区域を航行する船舶にのみ適用されていた（第41条，第42条）。しかし異常な気象又は海象の発生時には，重要施設の周辺等の特に船舶交通の安全を確保する必要がある区域の船舶（航行，停留又は錨泊船舶）に対しても，同様の援助がなされる制度が必要であることから，前条及び本条の規定が設けられた。

第45条　準用規定

> **第45条**　第9条，第25条，第28条，第31条，第36条第2項，第37条第2項及び第38条から第40条までの規定は，特定港以外の港について準用する。この場合において，これらに規定する港長の職権は，当該港の所在地を管轄する管区海上保安本部の事務所であって国土交通省令で定めるものの長がこれを行うものとする。

§7-13　準用規定（第45条）

(1) 特定港以外の港に準用される規定（前段）

　次の規定は，特定港以外の港にも準用される。

(1)　停泊船舶に対する移動命令（第9条）

(2)　漂流物等の除去命令（第25条）

(3)　私設信号の許可（第28条）

(4)　工事等の許可及び措置命令（第31条）

(5)　強力な灯火の減光又は被覆命令（第36条第2項）

(6)　引火性の液体の浮流時の喫煙又は火気取扱いの制限又は禁止命令（第37条第2項）

(7)　船舶交通の制限等（第38条〜第39条）

第 7 章　雑　則（第 46 条）　　115

(8)　原子力船に対する規制（第 40 条）

(2)　準用規定の港長の職権（後段）

　特定港以外の港に，上記(1)の規定が準用される場合は，その港に港長が置かれていないので，それぞれの規定に定められている港長の職権は，その港の所在地を管轄する管区海上保安本部の事務所であって国土交通省令（則第 20 条の 9）で定める海上保安監部，海上保安部又は海上保安航空基地の長がこれを行うことになる。

具体例
　　明石港は，特定港ではないが，本条により，台風接近時などに停泊船舶に対して港長の移動命令（第 9 条）を出すことができる。しかし，同港には港長が置かれていないので，同港の所在地を管轄している神戸海上保安部の長が，港長の職権を行い，移動命令を出すことになる。

第 46 条〜第 47 条　非常災害時における海上保安庁長官の措置等

　第 46 条　海上保安庁長官は，海上交通安全法第 37 条第 1 項に規定する非常災害発生周知措置（以下この項において「非常災害発生周知措置」という。）をとるときは，あわせて，非常災害が発生した旨及びこれにより当該非常災害発生周知措置に係る指定海域に隣接する指定港内において船舶交通の危険が生ずるおそれがある旨を当該指定港内にある船舶に対し周知させる措置（次条及び第 48 条第 2 項において「指定港非常災害発生周知措置」という。）をとらなければならない。

　2　海上保安庁長官は，海上交通安全法第 37 条第 2 項に規定する非常災害解除周知措置（以下この項において「非常災害解除周知措置」という。）をとるときは，あわせて，当該非常災害解除周知措置に係る指定海域に隣接する指定港内において，当該非常災害の発生により船舶交通の危険が生ずるおそれがなくなった旨又は当該非常災害の発生により生じた船舶交通の危険がおおむねなく

なった旨を当該指定港内にある船舶に対し周知させる措置（次条及び第48条第2項において「指定港非常災害解除周知措置」という。）をとらなければならない。

§7-13の2 非常災害時における海上保安庁長官の措置（第46条）

本条は，非常災害が発生したときに，海交法に規定する指定海域と一体的に船舶交通の危険を防止するため，海上保安庁長官が海交法の周知措置をとる場合は，指定海域に隣接する指定港内にある船舶に対しても，あわせて同様の措置をとることを定めたものである。非常災害時において，海上保安庁長官は次の措置をとる。

(1) 指定港非常災害発生周知措置（第1項）

非常災害発生周知措置（海交法第37条第1項）とあわせてとられる次の措置
(1) 非常災害が発生した旨を周知させる措置
(2) 非常災害の発生により，指定港内において船舶交通の危険が生ずるおそれがある旨を周知させる措置

(2) 指定港非常災害解除周知措置（第2項）

非常災害解除周知措置（海交法第37条第2項）とあわせてとられる次の措置
(1) 指定港内において，非常災害の発生により船舶交通の危険が生ずるおそれがなくなった旨を周知させる措置
(2) 指定港内において，非常災害の発生により生じた船舶交通の危険がおおむねなくなった旨を周知させる措置

第47条 海上保安庁長官は，指定港非常災害発生周知措置をとったときは，指定港非常災害解除周知措置をとるまでの間，当該指定港非常災害発生周知措置に係る指定港内にある海上交通安全法第4条本文に規定する船舶（以下この条において「指定港内船舶」という。）に対し，国土交通省令で定めるところにより，非常災

第 7 章　雑　則（第 47 条）　　117

> 害の発生の状況に関する情報，船舶交通の制限の実施に関する情
> 報その他の当該指定港内船舶が航行の安全を確保するために聴取
> することが必要と認められる情報として国土交通省令で定めるも
> のを提供するものとする。
>
> 2　指定港内船舶は，指定港非常災害発生周知措置がとられたとき
> は，指定港非常災害解除周知措置がとられるまでの間，前項の規
> 定により提供される情報を聴取しなければならない。ただし，聴
> 取することが困難な場合として国土交通省令で定める場合は，こ
> の限りでない。

§7-13 の 3　非常災害時における情報の聴取（第 47 条）

　本条は，非常災害が発生した場合に「指定港内船舶」に対して，航行の安
全を確保するために必要な情報の提供及びその情報の聴取について定めたも
のである。

　指定港内船舶とは，指定港非常災害発生周知措置に係る指定港内にある長
さ 50 メートル以上の船舶（海交法第 4 条本文）をいう。

(1) 海上保安庁長官が提供する情報（第 1 項）

　海上保安庁長官は，指定港非常災害発生周知措置をとったときは，次の情
報を提供する。

(1)　非常災害の発生の状況に関する情報
(2)　船舶交通の制限の実施に関する情報
(3)　その他の指定港内船舶が航行の安全を確保するために聴取することが
　　必要と認められる情報として国土交通省令（則第 20 条の 10 第 2 項）で
　　定めるもの

　これらの情報は，告示で定めるところにより，VHF 無線電話により提供
される。（則第 20 条の 10 第 1 項）

(2) 指定港内船舶の情報の聴取義務（第 2 項）

　指定港内船舶は，指定港非常災害発生周知措置がとられたときは，指定港
非常災害解除周知措置がとられるまでの間，上記(1)の情報を聴取しなけれ
ばならない。

ただし，聴取することが困難な場合は，この限りでない。

【注】ただし書規定により聴取義務が免除される場合は，次のとおりである。（則第20条の11）

　(1)　VHF無線電話を備えていない場合

　(2)　電波の伝搬障害等によりVHF無線電話による通信が困難な場合

　(3)　他の船舶等とVHF無線電話による通信を行っている場合

◆　平時においては，第41条の規定により，航路及び航路の周辺の区域を航行する小型船及び汽艇等以外の船舶（特定船舶）は，同区域における船舶交通の安全を確保するため提供される情報の聴取が義務付けられているが，非常災害時においては，情報の聴取義務海域を指定港内に拡大するとともに，対象船舶も海上交通安全法の規定と同じく，長さ50メートル以上としている。

第48条　海上保安庁長官による港長等の職権の代行

第48条　海上保安庁長官は，海上交通安全法第32条第1項第3号の規定により同項に規定する海域からの退去を命じ，又は同条第2項の規定により同項に規定する海域からの退去を勧告しようとする場合において，これらの海域及び当該海域に隣接する港からの船舶の退去を一体的に行う必要があると認めるときは，当該港が特定港である場合にあっては当該特定港の港長に代わって第39条第3項及び第4項に規定する職権を，当該港が特定港以外の港である場合にあっては当該港に係る第45条に規定する管区海上保安本部の事務所の長に代わって同条において準用する第39条第3項及び第4項に規定する職権を行うものとする。

2　海上保安庁長官は，指定港非常災害発生周知措置をとったときは，指定港非常災害解除周知措置をとるまでの間，当該指定港非常災害発生周知措置に係る指定港が特定港である場合にあっては当該特定港の港長に代わって第5条第2項及び第3項，第6条，第9条，第14条，第20条第1項，第21条，第24条，第38条第1項，第2項及び第4項，第39条

第7章 雑 則（第48条） 119

> 第3項，第40条，第41条第1項，第42条，第43条第1項並び
> に第44条に規定する職権を，当該指定港が特定港以外の港である
> 場合にあっては当該港に係る第45条に規定する管区海上保安本部
> の事務所の長に代わって同条において準用する第9条，第38条第
> 1項，第2項及び第4項，第39条第3項並びに第40条に規定す
> る職権を行うものとする。

§7-13の4　異常気象等の発生時における湾外避難の一体的な実施（第48条第1項）

　本条第1項は，異常な気象又は海象の発生時に，湾内及び隣接する港内にある船舶に対する湾外避難の命令又は勧告を，海上保安庁長官が一体的に行うことを定めたものである。

　海上保安庁長官は，次の(1)又は(2)の場合，港長又は管区海上保安本部の事務所の長に代わって臨機の交通制限の職権（第39条第3項及び第4項）を行う。

(1)　船舶交通の危険が生じ，又はそのおそれがある海域からの退去を命ずる場合（海交法第32条第1項第3号）

(2)　船舶交通の危険が生じるおそれがあると予想される海域からの退去を勧告しようとする場合（海交法第32条第2項）

◆　港則法の適用港においては，船舶の航行や移動の制限，港内からの退去等の命令又は勧告は港長が行う。しかし，海交法で規定された湾外避難の実施にあたっては，湾内外の事情を総合的に考慮した上で，港内を含む湾内全域から対象船舶を避難させる必要があるため，海上保安庁長官が一体的に命令・勧告できる制度が設けられた。

§7-13の5　非常災害時における一元的な交通管制（第48条第2項）

　本条第2項は，非常災害が発生した場合に，海上保安庁長官が，指定港及び指定海域内の船舶交通の危険を防止するために必要な措置を，一体的にとることを定めたものである。

　海上保安庁長官は，指定港非常災害発生周知措置をとったときは，指定港非常災害解除周知措置をとるまでの間，港長又は管区海上保安本部の事務所

の長に代わって以下の職権を行う。

(1) 指定港が特定港の場合

海上保安庁長官は港長に代わって次の職権を行う。

(1) 錨地の指定（第5条第2項及び第3項）

(2) 指定錨地からの移動に対する許可（第6条）

(3) 停泊船舶に対する移動命令（第9条）

(4) 危険防止のための航路外待機の指示（第14条）

(5) 危険物を積載した船舶に対する入港時の指揮（第20条第1項）

(6) 危険物を積載した船舶に対する停泊・停留場所の指定（第21条）

(7) 海難発生時における報告の受報（第24条）

(8) 管制水路における航行管制（第38条第1項）

(9) 管制水路を航行する船舶からの通報の受報（第38条第2項）

(10) 管制水路を航行しようとする船舶に対する航行予定時刻の変更等の指示（第38条第4項）

(11) 一時的な船舶交通の制限（第39条第3項）

(12) 原子力船に対する規制（第40条）

(13) 特定船舶に対する情報の提供（第41条第1項）

(14) 特定船舶に対する航法の遵守及び危険防止のための勧告（第42条）

(15) 異常気象等時特定船舶に対する情報の提供（第43条第1項）

(16) 異常気象等時特定船舶に対する危険の防止のための勧告（第44条）

(2) 指定港が特定港以外の場合

海上保安庁長官は管区海上保安本部の事務所の長に代わって，上記の(3)，(8)，(9)，(10)，(11)，(12)の職権を行う。

◆ 平時には，指定港における航行管制及び指示等は港則法により港長が行い，指定海域においては海交法により海上保安庁長官が行う。しかし，非常災害の発生時に，避難のため港外へ移動した船舶や，緊急物資を輸送する船舶の交通を整理し，海域の混乱を防止するためには，一元的な管制が必要であり，本条はこのような背景の下に設けられたものである。

第7章　雑　則（第49条）　　121

第49条　職権の委任

> **第49条**　この法律の規定により海上保安庁長官の職権に属する事項は，国土交通省令で定めるところにより，管区海上保安本部長に行わせることができる。
>
> 2　管区海上保安本部長は，国土交通省令で定めるところにより，前項の規定によりその職権に属させられた事項の一部を管区海上保安本部の事務所の長に行わせることができる。

§7-13の6　職権の委任（第49条）

　本条は，国土交通省令で定めるところにより，①港則法に定める海上保安庁長官の職権を管区海上保安本部長に委任することができること，及び②同本部長は同長官から委任された職権の一部を管区海上保安本部の事務所の長に委任することができることを定めたものである。

◆　「国土交通省令」は，次の表（要旨）に掲げるとおり，職権を委任することを定めている。（則第20条の12）

委任される職権		委任先
則第20条の12第1項	下記の①及び②の規定による海上保安庁長官の職権 ①　第47条第1項（非常災害時における情報の提供） ②　第48条第1項（異常気象等時における船舶交通の制限） ③　第48条第2項（非常災害時における一元的な交通管制）	当該指定港の所在地を管轄する管区海上保安本部長
第2項	下記の規定による海上保安庁長官の職権 第46条（非常災害時における海上保安庁長官の措置）	当該指定港の所在地を管轄する管区海上保安本部長
第3項	下記の①及び②の規定による管区海上保安本部長の職権 ①　第47条第1項（非常災害時における情報の提供） ②　第48条第2項（非常災害時における一元的な交通管制）	東京湾海上交通センターの長

港則法

第50条　行政手続法の適用除外

> **第50条**　第9条（第45条において準用する場合を含む。），第14条，第20条第1項（第40条第2項（第45条において準用する場合を含む。）において準用する場合を含む。）又は第37条第2項若しくは第39条第3項（これらの規定を第45条において準用する場合を含む。）の規定による処分については，行政手続法（平成5年法律第88号）第3章の規定は，適用しない。
>
> 2　前項に定めるもののほか，この法律に基づく国土交通省令の規定による処分であって，港内における船舶交通の安全又は港内の整頓を図るためにその現場において行われるものについては，行政手続法第3章の規定は，適用しない。

§7-14　行政手続法の適用除外（第50条）

　行政手続法（平成5年法律第88号）は，処分【注】，行政指導及び届出に関する手続に関し，共通する事項を定めることによって，行政運営における①公正の確保と②透明性【注】の向上を図り，もって国民の権利利益の保護に資することを目的とする法律である。

　【注】⑴　「処分」とは，行政庁の処分その他公権力の行使に当たる行為をいう。
　　　　⑵　「透明性」とは，行政上の意思決定について，その内容及び過程が国民にとって明らかであることをいう。

　そして，同法第3章は，不利益処分【注】（第1節通則，第2節聴聞，第3節弁明の機会の付与）について規定している。

　【注】「不利益処分」とは，行政庁が，法令に基づき，特定の者を名あて人として，直接に，これに義務を課し，又はその権利を制限する処分をいう。（ただし書規定　略）

　本条は，この行政手続法に関して，次に掲げる規定による処分については，同法第3条（適用除外）第1項第13号の規定により，公益（保安）を確保するため現場で臨機に必要な措置をとる必要があり，同法第3章（不利益処分）の規定による聴聞を行ったり弁明の機会の付与を行ったりする暇のないことから，同章の規定は適用しないことを定めたものである。

　⑴　①　第9条…………特定港内の停泊船舶に対する移動命令（特定港以

第7章　雑　則（第50条）　　　　123

外の港に準用）
②　第14条…………危険防止のための航路外待機の指示
③　第20条第1項…危険物を積載した船舶に対する特定港への入港
　　　　　　　　　指揮（原子力船の特定港への入港指揮（特定港
　　　　　　　　　以外の港に準用）を含む。）
④　第37条第2項…特定港内の引火性の液体の浮流時の喫煙・火気
　　　　　　　　　の取扱いの制限・禁止（特定港以外の港に準用）
⑤　第39条第3項…特定港内の臨機の航行の制限・禁止（特定港以
　　　　　　　　　外の港に準用）
　（第1項）
(2)　港則法に基づく国土交通省令の規定による処分であって，港内におけ
　る船舶交通の安全又は港内の整とんを図るためにその現場において行わ
　れるもの（第2項）

【注】港の境界外にある船舶に適用される規定

　港則法が定める規定には，港内だけではなく，港の境界外にある船舶等に
も適用されるものがある。
　その主なものを列挙すると，次のとおりである。
　(1)　港内だけでなく，港の境界付近も，他の船舶に危険を及ぼさないよう
　　な速力で航行する。（第16条第1項）
　(2)　危険物を積載した船舶は，特定港に入港しようとするときは，境界外
　　で港長の指揮を受ける。（第20条第1項）
　(3)　港長は，危険物の荷役を特定港の境界外に指定して許可することがで
　　きる。この場合は，港の境界内にある船舶とみなす。（第22条第2項・
　　第3項）
　(4)　危険物を特定港の港内だけでなく，その境界付近で運搬しようとする
　　ときも，港長の許可を受ける。（第22条第4項）
　(5)　何人も，港内だけでなく，港の境界外10,000メートル以内の水面にお
　　いても，廃油，ごみ等の廃物を捨ててはならない。（第23条第1項）
　(6)　港内だけでなく，港の境界付近においても，石炭，れんが等の散乱物
　　（貨物）を脱落させない措置をとる。（第23条第2項）
　(7)　港内だけでなく，港の境界付近で海難が発生したときも，海難に係る
　　船舶の船長は標識の設定等の措置をし，港長に報告する。（第24条）
　(8)　特定港（第45条により，特定港以外の港に準用）の港内だけでなく，
　　その境界付近の交通阻害物件の所有者・占有者に対し，港長はその除去

を命ずることができる。(第25条)

(9) 特定港(第45条により,特定港以外の港に準用)の港内だけでなく,
その境界付近での工事・作業も,港長の許可を受ける。この場合に,港
長は必要な措置を命ずることができる。(第31条)

(10) 何人も,港内だけでなく,港の境界付近においても,強力な灯火をみ
だりに使用してはならない。(第36条第1項)

港長は,特定港(第45条により,特定港以外の港に準用)の港内だ
けでなく,その境界付近の強力な灯火の使用者に対し,減光又は被覆を
命ずることができる。(同条第2項)

(11) 一定の大きさの船舶は,管制水路を航行して入航しようとするときは,
船舶の名称,当該水路を航行する予定時刻等を(入航予定日の前日正午
までに)港長に通報する。(第38条第2項)

(12) 港長は,異常な気象等により船舶交通の危険が生ずるおそれがある場
合は,特定港の港内だけでなく,その境界付近にある船舶に対しても,
退去を命ずることができる。(第39条第3項)

港長は,前記と同様の危険が生ずるおそれがあると予想される場合は,
特定港の港内だけでなく,その境界付近にある船舶に対しても,危険を
防止するための措置を講ずべきことを勧告できる。(同条第4項)

(13) 特定港(第45条により,特定港以外の港に準用)の港内だけでなく,
その境界付近にある原子力船に対しても,港長は停泊場所の指定,航法
の指示等の規制をすることができる。(第40条第1項)

原子力船は,特定港(第45条により,特定港以外の港に準用)に入
港しようとするときは,境界外で港長の指揮を受ける。(同条第2項)

(14) 異常気象等時特定船舶は,特定港の港内だけでなく,その境界付近に
ある小型船及び汽艇等以外の船舶にも適用される。(第43条第1項)

第8章 罰　則

第51条～第56条　罰　則

第51条　次の各号のいずれかに該当する者は，6月以下の懲役又は50万円以下の罰金に処する。

(1)　第21条，第22条第1項若しくは第4項又は第40条第2項（第45条において準用する場合を含む。）において準用する第20条第1項の規定の違反となるような行為をした者

(2)　第40条第1項（第45条において準用する場合を含む。）の規定による処分の違反となるような行為をした者

第52条　次の各号のいずれかに該当する者は，3月以下の懲役又は30万円以下の罰金に処する。

(1)　第5条第1項，第6条第1項，第11条，第12条又は第38条第1項（第45条において準用する場合を含む。）の規定の違反となるような行為をした者

(2)　第5条第2項の規定による指定を受けないで船舶を停泊させた者又は同条第4項に規定するびょう地以外の場所に船舶を停泊させた者

(3)　第7条第3項，第9条（第45条において準用する場合を含む。），第14条又は第39条第1項若しくは第3項（これらの規定を第45条において準用する場合を含む。）の規定による処分の違反となるような行為をした者

(4)　第24条の規定に違反した者

2　次の各号のいずれかに該当する場合には，その違反行為をした者は，3月以下の懲役又は30万円以下の罰金に処する。

(1)　第23条第1項又は第31条第1項（第45条において準用する場合を含む。）の規定に違反したとき。

(2)　第23条第3項又は第25条，第31条第2項，第36条第2項若しくは第38条第4項（これらの規定を第45条において準用

する場合を含む。）の規定による処分に違反したとき。

第53条 第37条第2項（第45条において準用する場合を含む。）の規定による処分に違反した者は，30万円以下の罰金に処する。

第54条 第4条，第7条第2項，第20条第1項又は第35条の規定の違反となるような行為をした者は，30万円以下の罰金又は科料に処する。

2 次の各号のいずれかに該当する場合には，その違反行為をした者は，30万円以下の罰金又は科料に処する。

(1) 第7条第1項，第23条第2項，第28条（第45条において準用する場合を含む。），第32条，第33条又は第34条第1項の規定に違反したとき。

(2) 第34条第2項の規定による処分に違反したとき。

第55条 第10条の規定による国土交通省令の規定の違反となるような行為をした者は，30万円以下の罰金又は拘留若しくは科料に処する。

第56条 法人の代表者又は法人若しくは人の代理人，使用人その他の従業者がその法人又は人の業務に関して第52条第2項又は第54条第2項の違反行為をしたときは，行為者を罰するほか，その法人又は人に対しても各本条の罰金刑を科する。

附　則　（略）

§8-1　罰　則（第51条～第56条）

　罰則を設けているのは，本法に規定する義務の違反に対して制裁を加えることにより義務の履行を求め，法の実効性を確保しようとするためである。

　もとより，船舶交通の安全は，法と罰則とによって確保されるものでなく，交通環境の整備が重要であることは論をまたない。

　罰則には，航法に関するもの（例えば，第13条，第15条）については定めていないが，これは，航法違反についての状況判断は複雑なことが多いので海難審判などに委ねることにしたためである。

　罰則をまとめて掲げると，その概要は，次の表のとおりである。

第8章 罰 則（第51条～第56条） 127

	罰 則（港則法）
	6月以下の懲役又は50万円以下の罰金
第51条	(1) 第21条（危険物を積載した船舶は特定港において港長の指定した場所に停泊・停留），第22条第1項・第4項（特定港において危険物の荷役の許可・運搬の許可）又は第40条第2項（原子力船の港長の特定港入港指揮（第20条第1項準用）・（第45条において準用（特定港以外の港において準用）する場合を含む。）の規定の違反となるような行為をした者 【注】上記のとおり，「（第45条において準用する場合を含む。）」と規定されている条項があるが，これを，以下「（特定港以外の港に準用）」と略記することとする。 (2) 第40条第1項（原子力船に対する災害防止のための港長の交通規制）（特定港以外の港に準用）の規定による処分の違反となるような行為をした者
第52条	**3月以下の懲役又は30万円以下の罰金** 1 (1) 第5条第1項（特定港内の一定区域に停泊），第7条第1項（移動の制限），第11条（航路による義務），第12条（航路内の投錨等の禁止）又は第38条第1項（管制水路の航行管制）（特定港以外の港に準用）の規定の違反となるような行為をした者 (2) 第5条第2項（特定港の錨地の指定を受けないで停泊）又は第4項（錨地以外の場所に停泊）の行為をさせた者 (3) 第7条第3項（修繕中等の船舶に必要な員数の船員の乗船），第9条（港長の移動命令）（特定港以外の港に準用），第14条（航路外待機の指示）又は第39条第1項（一時的な交通制限）若しくは第3項（異常な気象等による臨機の航行制限）（これらの規定は特定港以外の港に準用）の規定による処分の違反となるような行為をした者 (4) 第24条（海難の発生時に船長がとらなければならない措置）の規定に違反した者 2 (1) 第23条第1項（廃物の投捨て禁止）又は第31条第1項（特定港の工事等の許可）（特定港以外の港に準用）の規定に違反した者 (2) 第23条第3項（廃物・散乱物の除去命令）又は第25条（漂流物等の除去命令），第31条第2項（工事等の船舶交通の安全確保のための措置命令），第36条第2項（強力な灯火の減光・被覆命令）若しくは第38条第4項（船舶交通の危険防止のための指示）（これらの規定は

	特定港以外の港に準用）の規定による処分に違反した者
第53条	30万円以下の罰金
	第37条第2項（喫煙・火気取扱いの制限・禁止）（特定港以外の港に準用）の規定による処分に違反した者
第54条	30万円以下の罰金又は科料
	1 第4条（入出港の届出），第7条第2項（修繕・係船の船舶に対する停泊場所の指定），第20条第1項（危険物を積載した船舶に対する港の境界外での港長の指揮）又は第35条（漁ろうの制限）の規定の違反となるような行為をした者 2 (1)　第7条第1項（船舶の修繕・係船の届出），第23条第2項（散乱物の脱落防止の措置），第28条（私設信号の許可）（特定港以外の港に準用），第32条（端艇競争等の行事の許可），第33条（船舶の進水・ドック出入の届出）又は第34条第1項（竹木材の荷卸し，いかだの係留・運行の許可）の規定に違反した者 (2)　第34条第2項（同条第1項の許可（前記）をするための措置命令）の規定による処分に違反した者
第55条	30万円以下の罰金又は拘留若しくは科料
	第10条（停泊の制限）の規定による国土交通省令の規定（§2-11参照）の違反となるような行為をした者
第56条	両罰規定
	次の規定の違反行為をしたときは，行為者を罰するほか，その法人等に対しても各本条の罰金刑を科する。 (1)　第52条第2項（廃物の投捨て禁止等） (2)　第54条第2項（船舶の修繕・係船の届出等）

◆　罰則の具体例をあげると，次のとおりである。本法が定めた義務は，これを誠実に遵守しなければならない。

具体例

①　汽艇等以外の船舶が，特定港を出入・通過するとき，航路によらなければならない規定（第11条）に違反して，航路によらないで特定港に出入したとき……3月以下の懲役又は30万円以下の罰金（第52条）（図8・1）

②　危険物を積載した船舶が，特定港で港長の指定した場所に停泊・停留しなければならない規定（第21条）に違反して，別の場所に停泊したとき

第8章 罰 則（第51条〜第56条）

……6月以下の懲役又は50万円以下の罰金（第51条）（図8・2）

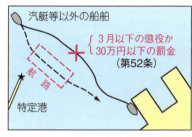

図8・1　第11条違反の罰則

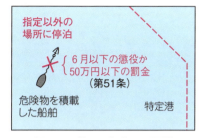

図8・2　第21条違反の罰則

附　則　（略）

【注】港長とは

　港則法は，入出港の届け出や工事の許可申請等の手続き，港内における船舶交通の安全確保のための指示または勧告等について港長の職権を定めている。当然のことながら，港長とはこのように，港内における船舶交通の安全及び港内の整とんに関する職務を行う者であり，港湾施設の管理者とは異なる。具体的には，港長には海上保安部等の長があたる。

(参考)

海上保安庁法（昭和 23 年法律第 28 号）

第 21 条　海上保安庁長官は，海上保安官の中から港長を命ずる。

2. 港長は，海上保安庁長官の指揮監督を受け，港則に関する法令に規定する事務を掌る。

港則法施行令

$$\left(\begin{array}{l}\text{昭和40年6月22日　政令　第219号}\\\text{最近改正　令和3年4月21日　政令　第145号}\end{array}\right)$$

（港及びその区域）

第1条 港則法（以下「法」という。）第2条の港及びその区域は，**別表第1**のとおりとする。

（特定港）

第2条 法第3条第2項に規定する特定港は，**別表第2**のとおりとする。

（指定港）

第3条 法第3条第3項に規定する指定港は，**別表第3**のとおりとする。

附　則　（略）

別表第1（第1条関係）（略）（港及びその区域　§1-3参照）

別表第2（第2条関係）（特定港　§1-5参照）

都道府県	特定港
北海道	根室，釧路，苫小牧，室蘭，函館，小樽，石狩湾，留萌，稚内
青森県	青森，むつ小川原，八戸
岩手県	釜石
宮城県	石巻，仙台塩釜
秋田県	秋田船川
山形県	酒田
福島県	相馬，小名浜
茨城県	日立，鹿島
千葉県	木更津，千葉
東京都 神奈川県	京浜
神奈川県	横須賀
新潟県	直江津，新潟，両津
富山県	伏木富山
石川県	七尾，金沢

都道府県	特定港
福井県	敦賀, 福井
静岡県	田子の浦, 清水
愛知県	三河, 衣浦, 名古屋
三重県	四日市
京都府	宮津, 舞鶴
大阪府	阪南, 泉州
大阪府 兵庫県	阪神
兵庫県	東播磨, 姫路
和歌山県	田辺, 和歌山下津
鳥取県 島根県	境
島根県	浜田
岡山県	宇野, 水島
広島県	福山, 尾道糸崎, 呉, 広島
山口県	岩国, 柳井, 徳山下松, 三田尻中関, 宇部, 萩
山口県 福岡県	関門
徳島県	徳島小松島
香川県	坂出, 高松
愛媛県	松山, 今治, 新居浜, 三島川之江
高知県	高知
福岡県	博多, 三池
佐賀県	唐津
佐賀県 長崎県	伊万里
長崎県	長崎, 佐世保, 厳原
熊本県	八代, 三角
大分県	大分
宮崎県	細島
鹿児島県	鹿児島, 喜入, 名瀬
沖縄県	金武中城, 那覇

港則法施行令

別表第3（第3条関係）（指定港　§1-6参照）

都道府県	指定港
千葉県	館山，木更津，千葉
東京都 神奈川県	京浜
神奈川県	横須賀

【注】海上保安庁の航行安全指導について

　海上保安庁は，船舶交通の一層の安全を確保するため，海域の実態に応じた様々な航行安全指導を行っている。それらは，「航行安全指導集録」（参考文献⑷）としてまとめられており，下記ホームページからも入手することができる。

　　　　　海上保安庁ホームページ　http://www.kaiho.mlit.go.jp/

港則法施行規則

$\left(\begin{array}{llll} & \text{昭和 23 年 10 月 9 日} & \text{運輸省令} & \text{第 29 号} \\ \text{最近改正} & \text{令和 3 年 6 月 23 日} & \text{国土交通省令} & \text{第 42 号} \end{array}\right)$

目　次

第 1 章　通　則（第 1 条〜第 21 条の 2）………………………………… 136

第 2 章　各　則………………………………………………………………… 147

第 1 節　　釧路港（第 21 条の 3・第 21 条の 4）……………………… 147

第 1 節の 2　江名港及び中之作港（第 22 条）………………………… 152

第 1 節の 3　鹿島港（第 23 条・第 23 条の 2）……………………… 153

第 1 節の 4　千葉港（第 24 条）………………………………………… 156

第 2 節　　京浜港（第 25 条〜第 29 条）……………………………… 156

第 2 節の 2　名古屋港（第 29 条の 2・第 29 条の 3）……………… 160

第 2 節の 3　四日市港（第 29 条の 4・第 29 条の 5）……………… 163

第 3 節　　阪神港（第 30 条〜第 33 条）……………………………… 164

第 3 節の 2　水島港（第 33 条の 2）…………………………………… 169

第 4 節　　尾道糸崎港（第 34 条）……………………………………… 170

第 5 節　　広島港（第 35 条）…………………………………………… 171

第 6 節　　関門港（第 36 条〜第 41 条）……………………………… 171

第 7 節　　高松港（第 42 条）…………………………………………… 177

第 8 節　　高知港（第 43 条）…………………………………………… 178

第 9 節　　博多港（第 44 条）…………………………………………… 180

第 10 節　　長崎港（第 45 条）…………………………………………… 181

第 11 節　　佐世保港（第 46 条）………………………………………… 182

第 12 節　　細島港（第 47 条・第 48 条）……………………………… 183

第 13 節　　那覇港（第 49 条・第 50 条）……………………………… 184

第1章　通　則

（入出港の届出）

第1条　港則法（昭和23年法律第174号。以下「法」という。）第4条の規定による届出は，次の区分により行わなければならない。

⑴　特定港に入港したときは，遅滞なく，次に掲げる事項を記載した入港届を提出しなければならない。

　　イ　船舶の信号符字（信号符字を有しない船舶にあっては，船舶番号。次号において同じ。），名称，種類及び国籍

　　ロ　船舶の総トン数

　　ハ　船長の氏名並びに船舶の代理人の氏名又は名称及び住所

　　ニ　直前の寄港地

　　ホ　入港の日時及び停泊場所

　　ヘ　積載貨物の種類

　　ト　乗組員の数及び旅客の数

⑵　特定港を出港しようとするときは，次に掲げる事項を記載した出港届を提出しなければならない。

　　イ　船舶の信号符字及び名称

　　ロ　出港の日時及び次の仕向港

　　ハ　前号イからハまでに掲げる事項（イに掲げる事項を除く。）のうち同号の入港届を提出した後に変更があった事項

2　特定港に入港した場合において出港の日時があらかじめ定まっているときは，前項の届出に代えて，同項第1号及び第2号ロに掲げる事項を記載した入出港届を提出してもよい。

3　前項の入出港届を提出した後において，出港の日時に変更があったときは，遅滞なく，その旨を届け出なければならない。

4　特定港内に運航又は操業の本拠を有し，当該港内における停泊場所及び1月間の入出港の日時があらかじめ定まっている場合において，漁船として使用されるときは，前三項の届出に代えて，当該1月間について，次の各号に掲げる事項を記載した書面を提出してもよい。ただし，当該書面を提出した場合において，当該期間が終了したときは，遅滞なく，当該期間の入出港の実績を記載した書面を提出しなければならない。

第1章 通 則

(1) 第1項第1号イ及びロまでに掲げる事項

(2) 船舶所有者（船舶所有者以外の者が当該船舶を運航している場合には，その者）の氏名又は名称及び住所

(3) 航行経路及び当該港内における停泊場所

(4) 予定する1月間の入出港の日時

5 避難その他船舶の事故等によるやむを得ない事情に係る特定港への入港又は特定港からの出港をしようとするときは，第1項から第3項までの届出に代えて，その旨を港長に届け出てもよい。ただし，港長が指定した船舶については，この限りでない。

【注】あらかじめ港長の許可を受けた場合には，上記第1条の規定は，適用しない。（則第21条第1項）

第2条 次の各号のいずれかに該当する日本船舶は，前条の届出をすることを要しない。

(1) 総トン数20トン未満の汽船及び端舟その他ろかいのみをもって運転し，又は主としてろかいをもって運転する船舶

(2) 平水区域を航行区域とする船舶

(3) 旅客定期航路事業（海上運送法（昭和24年法律第187号）第2条第4項に規定する旅客定期航路事業をいう。）に使用される船舶であって，港長の指示する入港実績報告書及び次に掲げる書面を港長に提出しているもの

イ 一般旅客定期航路事業（海上運送法第2条第5項に規定する一般旅客定期航路事業をいう。）に使用される船舶にあっては，同法第3条第2項第2号に規定する事業計画（変更された場合にあっては変更後のもの。）のうち航路及び当該船舶の明細に関する部分を記載した書面並びに同条第3項に規定する船舶運航計画（変更された場合にあっては変更後のもの。）のうち運航日程及び運航時刻並びに運航の時季に関する部分を記載した書面

ロ 特定旅客定期航路事業（海上運送法第2条第5項に規定する特定旅客定期航路事業をいう。）に使用される船舶にあっては，同法第19条の3第2項の規定により準用される同法第3条第2項第2号に規定する事業計画（変更された場合にあっては変更後のもの。）のうち航路，当該船舶の明細，運航時刻及び運航の時季に関する部分を記載した書面

（港　区）

第3条　法第5条第1項の規定による特定港内の区域及びこれに停泊すべき船舶は，**別表第1**のとおりとする。

2　前項に定めるもののほか，この省令における特定港内の区域については，別表第1の港の名称の区分の欄ごとに，それぞれ同表の港区の欄及び境界の欄に掲げるとおりとする。

（びょう地の指定）

第4条　法第5条第2項の国土交通省令の定める船舶は，総トン数500トン（関門港若松区においては，総トン数300トン）以上の船舶（阪神港尼崎西宮芦屋区に停泊しようとする船舶を除く。）とする。

2　港長は，特に必要があると認めるときは，前項に規定する船舶以外の船舶に対してもびょう地の指定をすることができる。

3　法第5条第2項の国土交通省令の定める特定港は，京浜港，阪神港及び関門港とする。

4　法第5条第5項の規定により，特定港の係留施設の管理者は，当該係留施設を総トン数500トン（関門港若松区においては，総トン数300トン）以上の船舶の係留の用に供するときは，次に掲げる事項を港長に届け出なければならない。

(1)　係留の用に供する係留施設の名称

(2)　係留の用に供する時期又は期間

(3)　係留する船舶の国籍，船種，船名，総トン数，長さ及び最大喫水

(4)　係留する船舶の揚荷又は積荷の種類及び数量

5　特定港の係留施設の管理者は，次の各号のいずれかに該当する船舶の係留の用に供するときは，前項の届出をすることを要しない。

(1)　第1条第4項の規定により，同項本文の書面を港長に提出している船舶

(2)　第2条第3号の規定により，同号の書面（港長の指示する入港実績報告書を除く。）を港長に提出している船舶

【注】あらかじめ港長の許可を受けた場合には，上記第4項の規定は，適用しない。（則第21条第1項）

第5条　港長は，係留施設の使用に関する私設信号の許可をしたときは，これを海上保安庁長官に速やかに報告しなければならない。

2　びょう地の指定その他港内における船舶交通の安全の確保に関する船

第1章　通　則　　139

舶と港長との間の無線通信による連絡についての必要な事項は，海上保安庁長官が定める。

3　海上保安庁長官は，第1項の報告を受けたとき及び前項の連絡についての必要な事項を定めたときは，これを告示しなければならない。

（停泊の制限）

第6条　船舶は，港内においては，次に掲げる場所にみだりにびょう泊又は停留してはならない。

⑴　ふ頭，桟橋，岸壁，係船浮標及びドックの付近

⑵　河川，運河その他狭い水路及び船だまりの入口付近

第7条　港内に停泊する船舶は，異常な気象又は海象により，当該船舶の安全の確保に支障が生ずるおそれがあるときは，適当な予備びょうを投下する準備をしなければならない。この場合において汽船は，更に蒸気の発生その他直ちに運航できるように準備をしなければならない。

（航　路）

第8条　法第11条の規定による特定港内の航路は，**別表第2**のとおりとする。

2　前項に定めるもののほか，この省令における特定港内の航路については，別表第2の上欄に掲げる港の名称の区分ごとに，それぞれ同表の中欄に掲げるとおりとする。

第8条の2　法第14条の規定による指示は，次の表の左欄に掲げる航路ごとに，同表の右欄に掲げる場合において，海上保安庁長官が告示で定めるところにより，VHF無線電話その他の適切な方法により行うものとする。

航　路	危険を生ずるおそれのある場合
仙台塩釜港航路	視程が500メートル以下の状態で，総トン数500トン以上の船舶が航路を航行する場合
京浜港横浜航路	船舶の円滑な航行を妨げる停留その他の行為をしている船舶と航路を航行する長さ50メートル以上の他の船舶（総トン数500トン未満の船舶を除く。）との間に安全な間隔を確保することが困難となるおそれがある場合

関門港	関門航路	次の各号のいずれかに該当する場合 1 視程が500メートル以下の状態である場合 2 早鞆瀬戸において潮流を遡って航路を航行する船舶が潮流の速度に4ノットを加えた速力（対水速力をいう。以下この表及び第38条において同じ。）以上の速力を保つことができずに航行するおそれがある場合
	関門第2航路 砂津航路 戸畑航路 若松航路 奥洞海航路 安瀬航路	視程が500メートル以下の状態である場合

第8条の3 法第18条第2項の国土交通省令で定める船舶交通が著しく混雑する特定港は，千葉港，京浜港，名古屋港，四日市港（第1航路及び午起航路に限る。以下この条において同じ。），阪神港（尼崎西宮芦屋区を除く。以下この条において同じ。）及び関門港（響新港区を除く。以下この条において同じ。）とし，同項の国土交通省令で定めるトン数は，千葉港，京浜港，名古屋港，四日市港及び阪神港においては総トン数500トン，関門港においては総トン数300トンとする。

第8条の4 法第18条第3項の国土交通省令で定める様式の標識は，国際信号旗数字旗1とする。

（えい航の制限）

第9条 船舶は，特定港内において，他の船舶その他の物件を引いて航行するときは，引船の船首から被えい物件の後端までの長さは200メートルを超えてはならない。

2 港長は，必要があると認めるときは，前項の制限を更に強化することができる。

> **【注】**あらかじめ港長の許可を受けた場合については，上記第1項の規定は，適用しない。（則第21条第2項）

（縫航の制限）

第10条 帆船は，特定港の航路内を縫航してはならない。

第1章　通　則

（進路の表示）

第11条　船舶は，港内又は港の境界付近を航行するときは，進路を他の船舶に知らせるため，海上保安庁長官が告示で定める記号を，船舶自動識別装置の目的地に関する情報として送信していなければならない。ただし，船舶自動識別装置を備えていない場合及び船員法施行規則（昭和22年運輸省令第23号）第3条の16ただし書の規定により船舶自動識別装置を作動させていない場合においては，この限りではない。

2　船舶は，釧路港，苫小牧港，函館港，秋田船川港，鹿島港，千葉港，京浜港，新潟港，名古屋港，四日市港，阪神港，水島港，関門港，博多港，長崎港又は那覇港の港内を航行するときは，前しょうその他の見やすい場所に海上保安庁長官が告示で定める信号旗を掲げて進路を表示するものとする。ただし，当該船舶が当該信号旗を有しない場合又は夜間においては，この限りでない。

（危険物の種類）

第12条　法第20条第2項の規定による危険物の種類は，危険物船舶運送及び貯蔵規則（昭和32年運輸省令第30号）第2条第1号に定める危険物及び同条第1号の2に定めるばら積み液体危険物のうち，これらの性状，危険の程度等を考慮して告示で定めるものとする。

（許可の申請）

第13条　法第21条ただし書の規定による許可の申請は，停泊の目的及び期間，停泊を希望する場所並びに危険物の種類，数量及び保管方法を記載した申請書によりしなければならない。

第14条　法第22条第1項の規定による許可の申請は，作業の種類，期間及び場所並びに危険物の種類及び数量を記載した申請書によりしなければならない。

2　法第22条第4項の規定による許可の申請は，運搬の期間及び区間並びに危険物の種類及び数量を具して，これをしなければならない。

第15条　法第28条（法第45条の規定により準用する場合を含む。）の規定による許可の申請は，私設信号の目的，方法及び内容並びに使用期間を記載した申請書によりしなければならない。

第16条　法第31条第1項（法第45条の規定により準用する場合を含む。）の規定による許可の申請は，工事又は作業の目的，方法，期間及び区域又は場所を記載した申請書によりしなければならない。

港則法施行規則

第17条　法第32条の規定による許可の申請は，行事の種類，目的，方法，期間及び区域又は場所を記載した申請書によりしなければならない。

第18条　法第34条第1項の規定による許可の申請は，貨物の種類及び数量，目的，方法，期間及び場所又は区域若しくは区間を記載した申請書によりしなければならない。

第19条　港長は，前六条に定める許可の申請について，特に必要があると認めるときは，各本条に規定する事項以外の事項を指定して申請させることができる。第15条及び第16条の場合において第20条の9に規定する管区海上保安本部の事務所の長についても，同様とする。

（進水等の届出）

第20条　法第33条の規定による特定港内の区域及び船舶の長さは，**別表第3**のとおりとする。

（船舶交通の制限等）

第20条の2　法第38条第1項（法第45条の規定により準用する場合を含む。）の国土交通省令で定める水路並びに法第38条第5項（法第45条の規定により準用する場合を含む。）の信号所の位置並びに信号の方法及び意味は，**別表第4**のとおりとする。

2　法第38条第4項の国土交通省令で定める水路は，次の各号に掲げる港ごとに，それぞれ当該各号に掲げるものとする。

(1)　千葉港　　千葉航路及び市原航路

(2)　京浜港　　東京東航路，東京西航路，鶴見航路，京浜運河，川崎航路及び横浜航路

(3)　名古屋港　東水路，西水路及び北水路

3　法第38条第4項の規定により同条第2項に規定する船舶の運航に関し指示することができる事項は，次に掲げる事項とする。

(1)　水路を航行する予定時刻を変更すること。

(2)　船舶局のある船舶にあっては，水路入航予定時刻の3時間前から当該水路から水路外に出るときまでの間における海上保安庁との連絡を保持すること。

(3)　当該船舶の進路を警戒する船舶又は航行を補助する船舶を配備すること。

(4)　前各号に掲げるもののほか，当該船舶の運航に関し必要と認められる事項に関すること。

第1章　通　則　　143

（港長による情報の提供）

第20条の3　法第41条第1項の国土交通省令で定める航路及び当該航路の
周辺の国土交通省令で定める特定港内の区域は，**別表第5**のとおりとす
る。

2　　法第41条第1項の規定による情報の提供は，海上保安庁長官が告示で
定めるところにより，VHF無線電話により行うものとする。

3　　法第41条第1項の国土交通省令で定める情報は，次に掲げる情報とす
る。

(1)　特定船舶が第1項に規定する航路及び特定港内の区域において適用さ
れる交通方法に従わないで航行するおそれがあると認められる場合にお
ける，当該交通方法に関する情報

(2)　船舶の沈没，航路標識の機能の障害その他の船舶交通の障害であっ
て，特定船舶の航行の安全に著しい支障を及ぼすおそれのあるものの発
生に関する情報

(3)　特定船舶が，工事又は作業が行われている海域，水深が著しく浅い海
域その他の特定船舶が安全に航行することが困難な海域に著しく接近す
るおそれがある場合における，当該海域に関する情報

(4)　他の船舶の進路を避けることが容易でない船舶であって，その航行に
より特定船舶の航行の安全に著しい支障を及ぼすおそれのあるものに関
する情報

(5)　特定船舶が他の特定船舶に著しく接近するおそれがあると認められる
場合における，当該他の特定船舶に関する情報

(6)　前各号に掲げるもののほか，特定船舶において聴取することが必要と
認められる情報

（情報の聴取が困難な場合）

第20条の4　法第41条第2項の国土交通省令で定める場合は，次に掲げる
場合とする。

(1)　VHF無線電話を備えていない場合

(2)　電波の伝搬障害等によりVHF無線電話による通信が困難な場合

(3)　他の船舶等とVHF無線電話による通信を行っている場合

（航法の遵守及び危険の防止のための勧告）

第20条の5　法第42条第1項の規定による勧告は，海上保安庁長官が告示
で定めるところにより，VHF無線電話その他の適切な方法により行うも

のとする。

（異常気象等時特定船舶に対する情報の提供）

第20条の6　法第43条第1項の国土交通省令で定める区域は，別表第6のとおりとする。

2　法第43条第1項の規定による情報の提供は，海上保安庁長官が告示で定めるところにより，VHF無線電話により行うものとする。

3　法第43条第1項の国土交通省令で定める情報は，次に掲げる情報とする。

　(1)　異常気象等時特定船舶の進路前方にびょう泊をしている他の船舶に関する情報

　(2)　異常気象等時特定船舶のびょう泊に異状が生ずるおそれに関する情報

　(3)　異常気象等時特定船舶の周辺にびょう泊をしている他の異常気象等時特定船舶のびょう泊の異状の発生又は発生のおそれに関する情報

　(4)　船舶の沈没，航路標識の機能の障害その他の船舶交通の障害であって，異常気象等時特定船舶の航行，停留又はびょう泊の安全に著しい支障を及ぼすおそれのあるものの発生に関する情報

　(5)　前各号に掲げるもののほか，当該区域において安全に航行し，停留し，又はびょう泊をするために異常気象等時特定船舶において聴取することが必要と認められる情報

（異常気象等時特定船舶において情報の聴取が困難な場合）

第20条の7　法第43条第3項の国土交通省令で定める場合は，次に掲げる場合とする。

　(1)　VHF無線電話を備えていない場合

　(2)　電波の伝搬障害等によりVHF無線電話による通信が困難な場合

　(3)　他の船舶等とVHF無線電話による通信を行っている場合

（異常気象等時特定船舶に対する危険の防止のための勧告）

第20条の8　法第44条第1項の規定による勧告は，海上保安庁長官が告示で定めるところにより，VHF無線電話その他の適切な方法により行うものとする。

（法第45条に規定する管区海上保安本部の事務所）

第20条の9　法第45条に規定する管区海上保安本部の事務所は，海上保安庁組織規則（平成13年国土交通省令第4号）第118条に規定する海上保安監部，海上保安部又は海上保安航空基地とする。

第1章　通則　　　145

（指定港非常災害発生周知措置がとられた際の海上保安庁長官による情報の提供）

第20条の10　法第47条第1項の規定による情報の提供は，海上保安庁長官が告示で定めるところにより，VHF無線電話により行うものとする。

2　法第47条第1項の国土交通省令で定める情報は，次に掲げる情報とする。

(1)　非常災害の発生の状況に関する情報

(2)　船舶交通の制限の実施に関する情報

(3)　船舶の沈没，航路標識の機能の障害その他の船舶交通の障害であって，指定港内船舶（法第47条第1項で規定する船舶をいう。以下この項において同じ。）の航行の安全に著しい支障を及ぼすおそれのあるものの発生に関する情報

(4)　指定港内船舶が，船舶のびょう泊により著しく混雑する海域，水深が著しく浅い海域その他の指定港内船舶が航行の安全を確保することが困難な海域に著しく接近するおそれがある場合における，当該海域に関する情報

(5)　前各号に掲げるもののほか，指定港内船舶が航行の安全を確保するために聴取することが必要と認められる情報

（指定港非常災害発生周知措置がとられた際の情報の聴取が困難な場合）

第20条の11　法第47条第2項の国土交通省令で定める場合は，次に掲げる場合とする。

(1)　VHF無線電話を備えていない場合

(2)　電波の伝搬障害等によりVHF無線電話による通信が困難な場合

(3)　他の船舶等とVHF無線電話による通信を行っている場合

（職権の委任）

第20条の12　法第47条第1項並びに法第48条第1項及び第2項の規定による海上保安庁長官の職権は，当該指定港の所在地を管轄する管区海上保安本部長に行わせる。

2　法第46条の規定による海上保安庁長官の職権は，当該指定港の所在地を管轄する管区海上保安本部長も行うことができる。

3　管区海上保安本部長は，法第47条第1項及び法第48条第2項の規定による職権を東京湾海上交通センターの長に行わせるものとする。

（適用除外等）

第21条 あらかじめ港長の許可を受けた場合には，第1条及び第4条第4項の届出をすることを要しない。

2 あらかじめ港長の許可を受けた場合については，第9条第1項，第21条の4，第27条，第27条の2第4項，第27条の3第2項及び第3項，第30条，第31条，第34条，第37条並びに第47条の規定は，適用しない。

第21条の2 内航海運業法施行規則（昭和27年運輸省令第42号）第9号様式備考1括弧書の船舶に関する第4条第1項及び第4項，第8条の2，第27条の2第4項，第27条の3第2項，第29条の2第3項，第38条第1項第6号，第43条第1項，第46条第1項，第47条第3項，第50条第1項並びに別表第1（帆船に係る規定を除く。），別表第2及び別表第4の規定の適用については，これらの規定中「500トン」とあるのは，「510トン」とする。

第2章 各 則

第1節 釧路港

（びょう泊等の制限）

第21条の3 船舶は，西区東防波堤，同防波堤南端から釧路港西区南防波堤東灯台（北緯42度59分21秒東経144度20分30秒）まで引いた線，西区南防波堤，釧路港西区南防波堤西灯台（北緯42度59分19秒東経144度18分42秒）から西区西防波堤突端まで引いた線，同防波堤及び陸岸により囲まれた海面においては，次に掲げる場合を除いては，びょう泊し，又はえい航している船舶その他の物件を放してはならない。

(1) 海難を避けようとするとき。
(2) 運転の自由を失ったとき。
(3) 人命又は急迫した危険のある船舶の救助に従事するとき。
(4) 法第31条の規定による港長の許可を受けて工事又は作業に従事するとき。

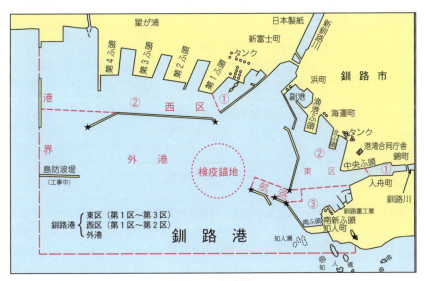

図9・1 釧路港

(えい航の制限)

第21条の4 釧路港東第1区において，船舶が他の船舶その他の物件を引くときは，第9条第1項の規定にかかわらず，引船の船首から被えい物件の後端までの長さは100メートル，被えい物件の幅は15メートルを超えてはならない。

【注】 あらかじめ港長の許可を受けた場合については，上記第21条の4の規定は，適用しない。(則第21条第2項)

【注】苫小牧港
　　苫小牧港については，現在第2章各則に規定されているものはないが，主要な港であるので参考のため，同港の図を掲げた。(図9・2)

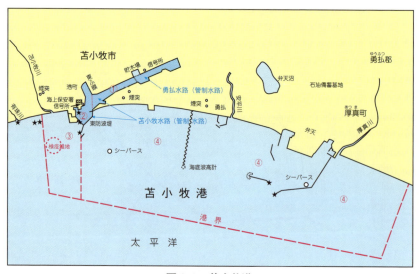

図9・2　苫小牧港

【注】 港湾は，近時，埋立地の造成，防波堤の築造，航路標識・信号所の新設・移設，航路や港域・港区の変更など，大きく変容しつつあるので，詳しくは，改補された最新の海図で十分に確かめる必要がある。

第2章　各則　　　　　　　　　　149

【注】函館港
　函館港については，現在第2章各則に規定されているものはないが，主要な港であるので参考のため，同港の図を掲げた。(図9・3)

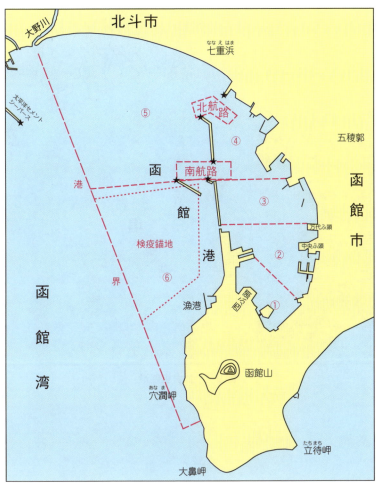

図9・3　函館港

【注】仙台塩釜港

　仙台塩釜港については，現在第2章各則に規定されているものはないが，主要な港であるので参考のため，同港の図を掲げた。（図9・4）

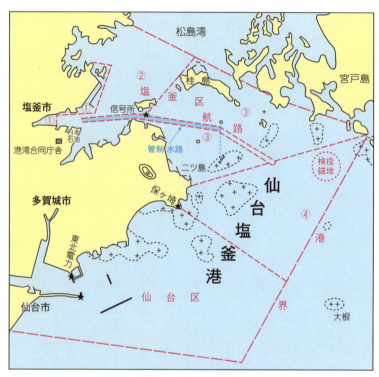

図9・4　仙台塩釜港

【注】秋田船川港

　秋田船川港については，現在第2章各則に規定されているものはないが，主要な港であるので参考のため，同港の図を掲げた。（図9・5）

図9・5　秋田船川港

第1節の2　江名港及び中之作港

（特定航法）

第22条　汽船が江名港又は中之作港の防波堤の入口又は入口付近で他の汽船と出会うおそれのあるときは，出航する汽船は，防波堤の内で入航する汽船の進路を避けなければならない。

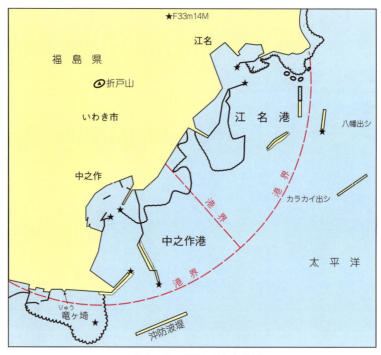

図9・6　江名港及び中之作港

第2章 各 則　　　　153

第1節の3　鹿島港

（びょう泊等の制限）

第23条　船舶は，深芝公共岸壁北東端（北緯35度55分33秒東経140度42分）から247度430メートルの地点（以下この条において「A地点」という。）から55度900メートルの地点まで引いた線，同地点から35度870メートルの地点まで引いた線，同地点から3度30分2,670メートルの地点まで引いた線，同地点から273度30分480メートルの地点まで引いた線，同地点から183度30分2,510メートルの地点まで引いた線，同地点から215度940メートルの地点まで引いた線，同地点から235度560メートルの地点まで引いた線及び同地点からA地点まで引いた線により囲まれた海面（次条及び別表第4において「鹿島水路」という。）においては，次に掲げる場合を除いては，びょう泊し，又はえい航している船舶その他の物件を放してはならない。

(1)　海難を避けようとするとき。

(2)　運転の自由を失ったとき。

(3)　人命又は急迫した危険のある船舶の救助に従事するとき。

(4)　法第31条の規定による港長の許可を受けて工事又は作業に従事するとき。

（航行に関する注意）

第23条の2　長さ190メートル（油送船（原油，液化石油ガス若しくは密閉式引火点測定器により測定した引火点が摂氏23度未満の液体を積載しているもの又は引火性若しくは爆発性の蒸気を発する物質を荷卸し後ガス検定を行い，火災若しくは爆発のおそれのないことを船長が確認していないものに限る。以下同じ。）にあっては，総トン数1,000トン）以上の船舶は，鹿島水路を航行して鹿島港に入航し，又は鹿島港を出航しようとするときは，法第38条第2項各号に掲げる事項（同項第3号に掲げる事項は，入航しようとするときにあっては鹿島水路入口付近に達する予定時刻とし，出航しようとするときにあっては運航開始予定時刻とする。）を，それぞれ入航予定日又は運航開始予定日の前日正午までに港長に通報しなければならない。

2　前項の事項を通報した船舶は，当該事項に変更があったときは，直ちに，その旨を港長に通報しなければならない。

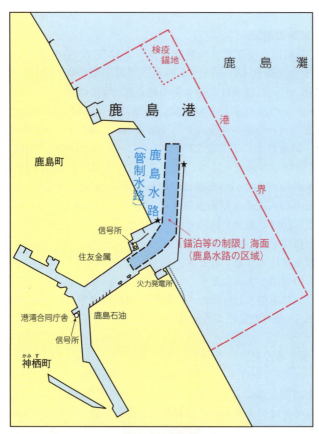

図 9・7 鹿島港

第2章 各則

【注】木更津港

　木更津港については，現在第2章各則に規定されているものはないが，主要な港であるので参考のため，同港の図を掲げた。（図9・8）
　木更津港から出港して中ノ瀬航路北口付近海域を航行する船舶は，木更津港沖灯標（特定標識）を左舷に見て航過するよう行政指導がなされている。

図9・8　木更津港

第1節の4 千葉港

（航行に関する注意）

第24条 長さ140メートル（油送船にあっては，総トン数1,000トン）以上の船舶は，千葉航路を航行して入航し，又は出航しようとするときは，法第38条第2項各号に掲げる事項（同項第3号に掲げる事項は，入航しようとするときにあっては当該航路入口付近に達する予定時刻とし，出航しようとするときにあっては運航開始予定時刻とする。）を，それぞれ入航予定日又は運航開始予定日の前日正午までに港長に通報しなければならない。

2 長さ125メートル（油送船にあっては，総トン数1,000トン）以上の船舶は，市原航路を航行して入航し，又は出航しようとするときは，法第38条第2項各号に掲げる事項（同項第3号に掲げる事項は，入航しようとするときにあっては当該航路入口付近に達する予定時刻とし，出航しようとするときにあっては運航開始予定時刻とする。）を，それぞれ入航予定日又は運航開始予定日の前日正午までに港長に通報しなければならない。

3 前二項の事項を通報した船舶は，当該事項に変更があったときは，直ちに，その旨を港長に通報しなければならない。

【注】千葉港の図は，図3・1（p.25）に掲載している。

第2節 京浜港

（停泊の制限）

第25条 京浜港において，はしけを他の船舶の船側に係留するときは，次の制限に従わなければならない。

(1) 東京第1区においては，1縦列を超えないこと。

(2) 東京第2区並びに横浜第1区，第2区及び第3区においては，3縦列を超えないこと。

(3) 川崎第1区及び横浜第4区においては，2縦列を超えないこと。

（びょう泊等の制限）

第26条 船舶は，川崎第1区及び横浜第4区においては，次に掲げる場合を除いては，びょう泊し，又はえい航している船舶その他の物件を放して

はならない。

(1) 海難を避けようとするとき。

(2) 運転の自由を失ったとき。

(3) 人命又は急迫した危険のある船舶の救助に従事するとき。

(4) 法第31条の規定による港長の許可を受けて工事又は作業に従事するとき。

（えい航の制限）

第27条 船舶は，京浜港において，汽艇等を引くときは，第9条第1項の規定にかかわらず，次の制限に従わなければならない。

(1) 東京区河川運河水面（第1区内の隅田川水面並びに荒川及び中川放水路水面を除く。）においては，引船の船首から最後の汽艇等の船尾までの長さが150メートルを超えないこと。

(2) 川崎第1区及び横浜第4区において貨物等を積載した汽艇等を引くときは，午前7時から日没までの間は，引船の船首から最後の汽艇等の船尾までの長さが150メートルを超えないこと。

【注】あらかじめ港長の許可を受けた場合については，上記第27条の規定は，適用しない。（則第21条第2項）.

（特定航法）

第27条の2 船舶は，東京西航路において，周囲の状況を考慮し，次の各号のいずれにも該当する場合には，他の船舶を追い越すことができる。

(1) 当該他の船舶が自船を安全に通過させるための動作をとることを必要としないとき。

(2) 自船以外の船舶の進路を安全に避けられるとき。

2 前項の規定により汽船が他の船舶の右舷側を航行して追い越そうとするときは，汽笛又はサイレンをもって長音1回に引き続いて短音1回を，その左舷側を航行して追い越そうとするときは，長音1回に引き続いて短音2回を吹き鳴らさなければならない。

3 前項の規定は，東京第1区及び東京区河川運河水面において，汽船が他の船舶を追い越そうとする場合に準用する。

4 総トン数500トン以上の船舶は，13号地その2東端から中央防波堤内側内貿ふ頭岸壁北端（北緯35度36分25秒東経139度47分55秒）まで引いた線を超えて13号地その2南東側海面を西行してはならない。

【注】あらかじめ港長の許可を受けた場合については，上記第4項の規定は，適

158　港則法施行規則

図9・9　京浜港

第2章 各 則　　159

用しない。(則第21条第2項)

第27条の3　船舶は，川崎第1区及び横浜第4区においては，他の船舶を追い越してはならない。ただし，前条第1項中「東京西航路」とあるのを「川崎第1区及び横浜第4区」と読み替えて適用した場合に同項各号のいずれにも該当する場合は，この限りでない。

2　総トン数500トン以上の船舶は，京浜運河を通り抜けてはならない。

3　総トン数1,000トン以上の船舶は，塩浜信号所から239度30分1,100メートルの地点から152度に東扇島まで引いた線を超えて京浜運河を西行してはならない。

4　総トン数1,000トン以上の船舶は，京浜運河において，午前6時30分から午前9時までの間は，船首を回転してはならない。

　【注】あらかじめ港長の許可を受けた場合については，上記第2項及び第3項の規定は，適用しない。(則第21条第2項)

(航行に関する注意)

第28条　京浜運河から他の運河に入航し，又は他の運河から京浜運河に入航しようとする汽船は，京浜運河と当該他の運河との接続点の手前150メートルの地点に達したときは，汽笛又はサイレンをもって長音1回を吹き鳴らさなければならない。

第29条　総トン数5,000トン(油送船にあっては1,000トン)以上の船舶は，鶴見航路又は川崎航路を航行して川崎第1区又は横浜第4区に入航しようとするときはそれぞれ当該航路入口付近で，川崎第1区又は横浜第4区を出航して鶴見航路又は川崎航路を航行しようとするときはそれぞれ境運河前面水域又は東扇島26号岸壁前面水域で汽笛又はサイレンをもって長音を2回吹き鳴らさなければならない。

2　長さ150メートル(油送船にあっては，総トン数1,000トン)以上の船舶は，東京東航路を航行して入航し，又は出航しようとするときは，法第38条第2項各号に掲げる事項(同項第3号に掲げる事項は，入航しようとするときにあっては当該航路入口付近に達する予定時刻とし，出航しようとするときにあっては運航開始予定時刻とする。)を，それぞれ入航予定日又は運航開始予定日の前日正午までに港長に通報しなければならない。

3　長さ300メートル(油送船にあっては，総トン数5,000トン)以上の船舶は，東京西航路を航行して入航し，又は出航しようとするときは，法

第38条第2項各号に掲げる事項（同項第3号に掲げる事項は，入航しようとするときにあっては当該航路入口付近に達する予定時刻とし，出航しようとするときにあっては運航開始予定時刻とする。）を，それぞれ入航予定日又は運航開始予定日の前日正午までに港長に通報しなければならない。

4　総トン数1,000トン以上の船舶は，鶴見航路若しくは川崎航路を航行して入航し，又は川崎第1区及び横浜第4区において移動し（京浜運河以外の水域内において移動するときを除く。），若しくは鶴見航路若しくは川崎航路を航行して出航しようとするときは，法第38条第2項各号に掲げる事項（同項第3号に掲げる事項は，入航しようとするときにあってはそれぞれ当該航路入口付近に達する予定時刻とし，移動し，又は出航しようとするときにあっては運航開始予定時刻とする。）を，それぞれ入航予定日又は運航開始予定日の前日正午までに港長に通報しなければならない。

5　長さ160メートル（油送船にあっては，総トン数1,000トン）以上の船舶は，横浜航路を航行して入航し，又は出航しようとするときは，法第38条第2項各号に掲げる事項（同項第3号に掲げる事項は，入航しようとするときにあっては当該航路入口付近に達する予定時刻とし，出航しようとするときにあっては運航開始予定時刻とする。）を，それぞれ入航予定日又は運航開始予定日の前日正午までに港長に通報しなければならない。

6　第2項から前項までの事項を通報した船舶は，当該事項に変更があったときは，直ちに，その旨を港長に通報しなければならない。

第2節の2　名古屋港

（特定航法）

第29条の2　第27条の2第1項及び第2項の規定は，東航路，西航路（西航路北側線西側屈曲点から135度に引いた線の両側それぞれ500メートル以内の部分を除く。）及び北航路において，船舶（同条第2項を準用する場合にあっては，汽船）が他の船舶を追い越そうとする場合に準用する。

2　船舶が第1項に規定する航路の部分を航行しているときは，その付近にある他の船舶は，航路外から航路に入り，航路から航路外に出，又は航路を横切って航行してはならない。

第2章　各　則　　161

3　総トン数500トン未満の船舶は，東航路，西航路及び北航路において
は，航路の右側を航行しなければならない。

4　東航路を航行する船舶と西航路又は北航路を航行する船舶とが出会う
おそれのある場合は，西航路又は北航路を航行する船舶は，東航路を航
行する船舶の進路を避けなければならない。

5　西航路を航行する船舶（西航路を航行して東航路に入った船舶を含む。
以下この項において同じ。）と北航路を航行する船舶（北航路を航行して
東航路に入った船舶を含む。以下この項において同じ。）とが東航路にお
いて出会うおそれのある場合は，西航路を航行する船舶は，北航路を航
行する船舶の進路を避けなければならない。

（航行に関する注意）

第29条の3　長さ270メートル（油送船にあっては，総トン数5,000トン）
以上の船舶は，高潮防波堤東信号所から212度30分3,840メートルの地
点から123度30分に引いた線と東航路西側線屈曲点から123度30分に引
いた線との間の航路（以下この項及び別表第4において「東水路」とい
う。）を航行して入航し，又は出航しようとするときは，法第38条第2項
各号に掲げる事項（同項第3号に掲げる事項は，入航しようとするときに
あっては東水路入口付近に達する予定時刻とし，出航しようとするときに
あっては運航開始予定時刻とする。）を，それぞれ入航予定日又は運航開
始予定日の前日正午までに港長に通報しなければならない。

2　長さ175メートル（油送船にあっては，総トン数5,000トン）以上の船
舶は，次に掲げる水路を航行して入航し，又は出航しようとするときは，
法第38条第2項各号に掲げる事項（同項第3号に掲げる事項は，入航し
ようとするときにあってはそれぞれ当該水路入口付近に達する予定時刻と
し，出航しようとするときにあっては運航開始予定時刻とする。）を，そ
れぞれ入航予定日又は運航開始予定日の前日正午までに港長に通報しなけ
ればならない。

(1)　西水路（名古屋港高潮防波堤中央堤西灯台（北緯35度34秒東経136
度48分6秒）から229度2,140メートルの地点から128度に引いた線
と西航路北側線西側屈曲点から135度に引いた線との間の同航路をい
う。別表第4において同じ。）

(2)　北水路（金城信号所から175度30分750メートルの地点から123度
30分に引いた線以北の北航路をいう。別表第4において同じ。）

3 前二項の事項を通報した船舶は，当該事項に変更があったときは，直ちに，その旨を港長に通報しなければならない。

図9・10　名古屋港

第2節の3　四日市港

(特定航法)
第29条の4　四日市港において，第1航路を航行する船舶と午起(うまおこし)航路を航行する船舶とが出会うおそれのある場合は，午起航路を航行する船舶は，第1航路を航行する船舶の進路を避けなければならない。

(航行に関する注意)
第29条の5　総トン数3,000トン以上の船舶は，第1航路を航行して入航し，又は第1航路若しくは午起航路を航行して出航しようとするときは，法第38条第2項各号に掲げる事項（同項第3号に掲げる事項は，入航しようとするときにあっては第1航路入口付近に達する予定時刻とし，出航しようとするときにあっては運航開始予定時刻とする。）を，それぞれ入

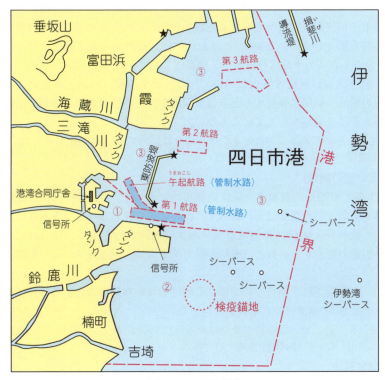

図9・11　四日市港

164 港則法施行規則

航予定日又は運航開始予定日の前日正午までに港長に通報しなければならない。

2 前項の事項を通報した船舶は，当該事項に変更があったときは，直ちに，その旨を港長に通報しなければならない。

第3節 阪神港

（停泊の制限）

第30条 船舶は，阪神港大阪区河川運河水面（大阪北港北灯台（北緯34度40分24秒東経135度24分9秒）から103度730メートルの地点から99度に対岸まで引いた線，天保山記念碑と桜島入堀西岸南端とを結んだ線，第3突堤第8号岸壁東端（北緯34度38分51秒東経135度27分6秒）から102度30分に対岸まで引いた線，木津川口両突端を結んだ線及び木津川運河西口両突端を結んだ線からそれぞれ上流の港域内の河川及び運河水面をいう。以下同じ。）においては，両岸から河川幅又は運河幅の4分の1以内の水域に停泊し，又は係留しなければならない。

2 阪神港神戸区防波堤内において，はしけを岸壁，桟橋又は突堤に係留中の船舶の船側に係留するときは2縦列を，その他の船舶の船側に係留するときは3縦列を超えてはならない。

【注】あらかじめ港長の許可を受けた場合については，上記第30条の規定は，適用しない。（則第21条第2項）

（えい航の制限）

第31条 船舶は，阪神港大阪区防波堤内において，汽艇等を引くときは，第9条第1項の規定にかかわらず，次の制限に従わなければならない。

(1) 阪神港大阪区河川運河水面（木津川運河水面を除く。）においては，引船の船首から最後の汽艇等の船尾までの長さが120メートルを超えないこと。

(2) 木津川運河水面においては，引船の船首から最後の汽艇等の船尾までの長さが80メートルを超えないこと。

【注】あらかじめ港長の許可を受けた場合については，上記第31条の規定は，適用しない。（則第21条第2項）

（特定航法）

第32条 第27条の2第2項の規定は，阪神港大阪区河川運河水面におい

第2章 各則

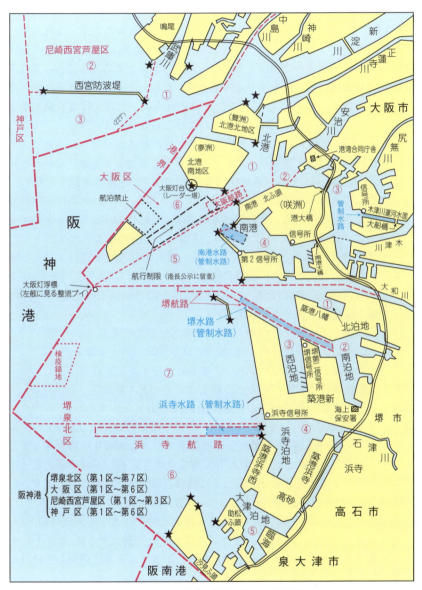

図9・12 阪神港・堺泉北区・大阪区

て，汽船が他の船舶を追い越そうとする場合に準用する。

（航行に関する注意）

第33条 総トン数300トン以上の船舶は，大船橋以西の木津川運河を航行して入航し，又は出航しようとするときは，法第38条第2項各号に掲げる事項（同項第3号に掲げる事項は，入航しようとするときにあっては木津川運河入口付近に達する予定時刻とし，出航しようとするときにあっては運航開始予定時刻とする。）を，それぞれ入航予定日又は運航開始予定日の前日正午までに港長に通報しなければならない。

2 総トン数5,000トン以上の船舶は，第1号の地点から第3号の地点までを順次に結んだ線と第4号の地点から第6号の地点までを順次に結んだ線との間の海面（以下この項及び別表第4において「南港水路」という。）を航行して入航し，又は出航しようとするときは，法第38条第2項各号に掲げる事項（同項第3号に掲げる事項は，入航しようとするときにあっては南港水路入口付近に達する予定時刻とし，出航しようとするときにあっては運航開始予定時刻とする。）を，それぞれ入航予定日又は運航開始予定日の前日正午までに港長に通報しなければならない。

(1) 大阪南港北防波堤灯台（北緯34度37分43秒東経135度23分48秒）から113度570メートルの地点

(2) 大阪南港北防波堤灯台から213度70メートルの地点

(3) 大阪南港北防波堤灯台から298度30分520メートルの地点

(4) 大阪南港北防波堤灯台から141度660メートルの地点

(5) 大阪南港北防波堤灯台から204度380メートルの地点

(6) 大阪南港北防波堤灯台から269度30分620メートルの地点

3 総トン数3,000トン以上の船舶は，堺信号所から301度2,540メートルの地点から29度に引いた線以東の堺航路（以下この項及び別表第4において「堺水路」という。）を航行して堺泉北第2区若しくは堺泉北第3区に入航し，又は堺泉北第2区若しくは堺泉北第3区を出航しようとするときは，法第38条第2項各号に掲げる事項（同項第3号に掲げる事項は，入航しようとするときにあっては堺水路入口付近に達する予定時刻とし，出航しようとするときにあっては運航開始予定時刻とする。）を，それぞれ入航予定日又は運航開始予定日の前日正午までに港長に通報しなければならない。

4 総トン数10,000トン以上の船舶は，浜寺信号所から262度40分2,755

第 2 章 各 則

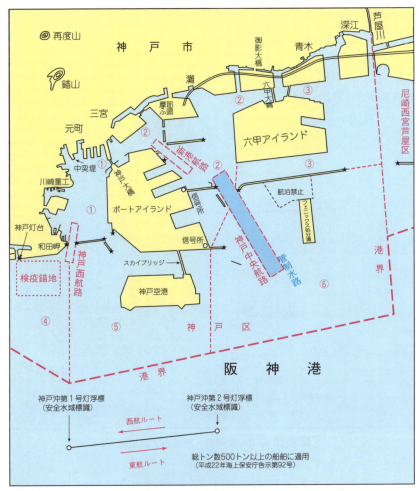

図 9・13　阪神港・神戸区

メートルの地点から181度に引いた線以東の浜寺航路（以下この項及び別表第4において「浜寺水路」という。）を航行して入航し，又は出航しようとするときは，法第38条第2項各号に掲げる事項（同項第3号に掲げる事項は，入航しようとするときにあっては浜寺水路入口付近に達する予定時刻とし，出航しようとするときにあっては運航開始予定時刻とする。）

図9・13の2　阪神港・尼崎西宮芦屋区

を，それぞれ入航予定日又は運航開始予定日の前日正午までに港長に通報しなければならない。

5　総トン数40,000トン（油送船にあっては，1,000トン）以上の船舶は，神戸中央航路を航行して入航し，又は出航しようとするときは，法第38条第2項各号に掲げる事項（同項第3号に掲げる事項は，入航しようとするときにあっては当該航路入口付近に達する予定時刻とし，出航しようとするときにあっては運航開始予定時刻とする。）を，それぞれ入航予定日又は運航開始予定日の前日正午までに港長に通報しなければならない。

第2章 各 則

6 前各項の事項を通報した船舶は，当該事項に変更があったときは，直ちに，その旨を港長に通報しなければならない。

【注】統合により「阪神港」に名称改正

　従来の大阪港及び神戸港は，長い歴史を持つ我が国の主要港であり，それらの名称に慣れ親しんできたが，平成19年12月1日から本法において，従来の尼崎西宮芦屋港を加えて，これら3港は統合され，新たに「阪神港」と改正された。

　これにより，例えば，従来は相接するこれら3港のうち，複数の港に船舶が入港した場合には，それぞれにトン税などを納付しなければならなかったが，1回の納付で済むことに簡素化された。

第3節の2　水島港

（航行に関する注意）

第33条の2　長さ200メートル以上の船舶は，港内航路を航行して入航し，又は出航しようとするときは，法第38条第2項各号に掲げる事項（同項第3号に掲げる事項は，入航しようとするときにあっては当該航路入口付近に達する予定時刻とし，出航しようとするときにあっては運航開始予定時刻とする。）を，それぞれ入航予定日又は運航開始予定日の前日正午までに港長に通報しなければならない。

2 前項の事項を通報した船舶は，当該事項に変更があったときは，直ちに，その旨を港長に通報しなければならない。

【注】水島港の図は，図7·3（p.97）に掲載している。

第4節　尾道糸崎港

(停泊の制限)

第34条　尾道糸崎港第3区においては，船舶を岸壁又は桟橋に係留中の船舶の船側に係留してはならない。

【注】あらかじめ港長の許可を受けた場合については，上記第34条の規定は，適用しない。(則第21条第2項)

図9・14　尾道糸崎港

図9・14の2　尾道水道

第5節　広島港

(特定航法)

第35条　第27条の2第1項及び第2項の規定は，航路において，船舶（同条第2項を準用する場合にあっては，汽船）が他の船舶を追い越そうとする場合に準用する。

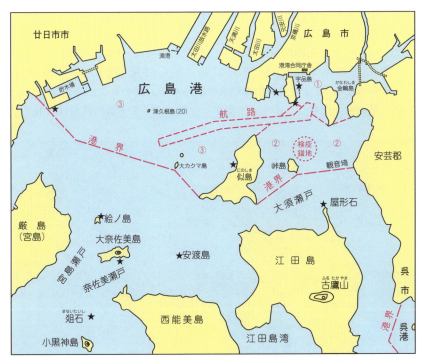

図9・15　広島港

第6節　関門港

(びょう泊の方法)

第36条　港長は，必要があると認めるときは，関門港内にびょう泊する船舶に対し，双びょう泊を命ずることができる。

（えい航の制限）

第37条 船舶は，関門航路において，汽艇等を引くときは，第9条第1項の規定によるほか，1縦列にしなければならない。

【注】 あらかじめ港長の許可を受けた場合については，上記第37条の規定は，適用しない。（則第21条第2項）

（特定航法）

第38条 船舶は，関門港においては，次の航法によらなければならない。
  (1) 関門航路及び関門第2航路を航行する汽船は，できる限り，航路の右側を航行すること。
  (2) 田野浦区から関門航路によろうとする汽船は，門司埼灯台（北緯33度57分44秒東経130度57分47秒）から67度1,980メートルの地点から321度30分に引いた線以東の航路から入航すること。
  (3) 早鞆瀬戸を西行しようとする総トン数100トン未満の汽船は，前二号

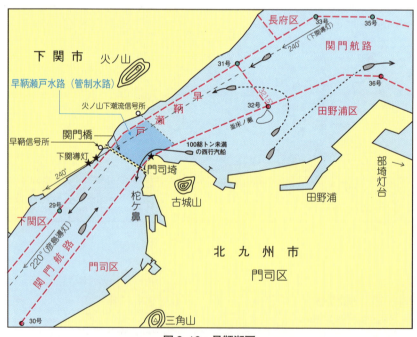

図9・16　早鞆瀬戸

に規定する航法によらないことができる。この場合においては、できるだけ門司埼に近寄って航行し、他の船舶に行き会ったときは、右舷を相対して航過すること。
(4) 第1号の規定により早鞆瀬戸を東行する汽船は、前号の規定により同瀬戸を航行する汽船を常に右舷に見て航過すること。
(5) 潮流を遡り早鞆瀬戸を航行する汽船は、潮流の速度に4ノットを加えた速力以上の速力を保つこと。
(6) 若松航路及び奥洞海航路においては、総トン数500トン以上の船舶は航路の中央部を、その他の船舶は、航路の右側を航行すること。
(7) 関門航路を航行する船舶と砂津航路、戸畑航路、若松航路又は関門第2航路（以下この号において「砂津航路等」という。）を航行する船舶とが出会うおそれのある場合は、砂津航路等を航行する船舶は、関門航路を航行する船舶の進路を避けること。

図9・17　関門港（響新港区は図9・18に、若松区は図9・19に掲載）

図9・18　関門港・響新港区

(8)　関門第2航路を航行する船舶と安瀬航路を航行する船舶とが出会うおそれのある場合は、安瀬航路を航行する船舶は、関門第2航路を航行する船舶の進路を避けること。

(9)　関門第2航路を航行する船舶と若松航路を航行する船舶とが関門航路において出会うおそれのある場合は、若松航路を航行する船舶は、関門第2航路を航行する船舶の進路を避けること。

(10)　戸畑航路を航行する船舶と若松航路を航行する船舶とが関門航路において出会うおそれのある場合は、若松航路を航行する船舶は、戸畑航路を航行する船舶の進路を避けること。

(11)　若松航路を航行する船舶と奥洞海航路を航行する船舶とが出会うおそれのある場合は、奥洞海航路を航行する船舶は、若松航路を航行する船舶の進路を避けること。

2　第27条の2第1項及び第2項の規定は、関門航路（関門橋西側線と火ノ山下潮流信号所（北緯33度58分6秒東経130度57分41秒）から130度に引いた線との間の関門航路（第40条第1項及び別表第4において「早鞆瀬戸水路」という。）を除く。）において、船舶（第27条の2第2項を準用する場合にあっては、汽船）が他の船舶を追い越そうとする場合に準用する。

第2章　各　則　　　　　　　　　　　175

第39条　汽艇等その他の物件を引いている船舶は，若松航路のうち，若松港口信号所から110度30分1,195メートルの地点から164度に引いた線と同信号所から223度1,835メートルの地点から311度30分に引いた線との間の航路を横断してはならない。

（航行に関する注意）

第40条　総トン数10,000トン（油送船にあっては，3,000トン）以上の船舶は，早鞆瀬戸水路を航行しようとするときは，法第38条第2項各号に掲げる事項（同項第3号に掲げる事項は，早鞆瀬戸水路入口付近に達する予定時刻とする。）を通航予定日の前日正午までに港長に通報しなければならない。

2　総トン数300トン以上の船舶は，若松港口信号所から184度30分1,335メートルの地点から349度に引いた線以西の若松航路（以下この項及び別表第4において「若松水路」という。）を航行して入航し，又は若松水路若しくは奥洞海航路を航行して出航しようとするときは，法第38条第2項各号に掲げる事項（同項第3号に掲げる事項は，入航しようとするとき

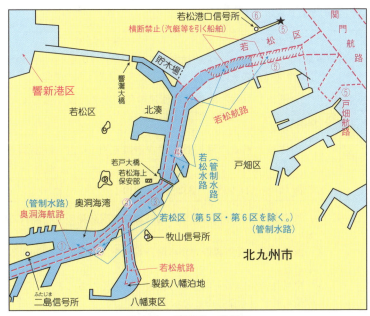

図9・19　関門港・若松区

176　　　　　　　　　　港則法施行規則

にあっては若松水路入口付近に達する予定時刻とし，出航しようとすると
きにあっては運航開始予定時刻とする。）を，それぞれ入航予定日又は運
航開始予定日の前日正午までに港長に通報しなければならない。
3　前二項の事項を通報した船舶は，当該事項に変更があったときは，直
ちに，その旨を港長に通報しなければならない。
（縫航の制限）
第41条　帆船は，門司区，下関区，西山区及び若松区を縫航してはならな
い。

【注】関門海峡の潮流信号

　　関門海峡は，潮流が激しいので，部埼潮流信号所，火ノ山下潮流信号所及
び台場鼻潮流信号所（竹ノ子島）が設けられている。（図9・17）

　　これら3つの潮流信号所は，昼間・夜間とも，早鞆瀬戸における潮流の現
状を次のとおり表示している。

電光板	東流期	Eの文字 0〜13（ノット）の数字 ⬆又は⬇の矢印	西流期	Wの文字 0〜13（ノット）の数字 ⬆又は⬇の矢印
通報	火ノ山下のみ	無線電話	潮流の流向，流速及び流速の傾向を2回繰り返して示す。 （毎時の一定時刻に，日本語） 呼出名称　ひのやました 電波の型式，周波数及び空中線電力　H3E　1,625.5 kHz 2 W	
		電話	随時　（日本語）　0832 - 22 - 8810	

（備考）(1)　東流とは，玄界灘の方から関門海峡を周防灘の方へ流れる潮流
　　　　　をいう。
　　　　(2)　西流とは，周防灘の方から関門海峡を玄界灘の方へ流れる潮流
　　　　　をいう。
　　　　(3)　電光板の矢印の上向きは今後流速が速くなることを，下向きは
　　　　　今後流速が遅くなることを示す。
　　　　(4)　電光板は，毎4秒に2秒間点灯する。

第7節　高松港

(びょう泊等の制限)

第42条　船舶は，朝日町防波堤，高松港朝日町防波堤灯台（北緯34度21分38秒東経134度3分32秒）から高松港玉藻防波堤灯台（北緯34度21分41秒東経134度3分6秒）まで引いた線，玉藻地区玉藻防波堤，北浜町北東端から37度に引いた線及び陸岸により囲まれた海面（航路を除く。）においては，次に掲げる場合を除いては，びょう泊し，又はえい航している船舶その他の物件を放してはならない。

(1)　海難を避けようとするとき。
(2)　運転の自由を失ったとき。
(3)　人命又は急迫した危険のある船舶の救助に従事するとき。
(4)　法第31条の規定による港長の許可を受けて工事又は作業に従事するとき。

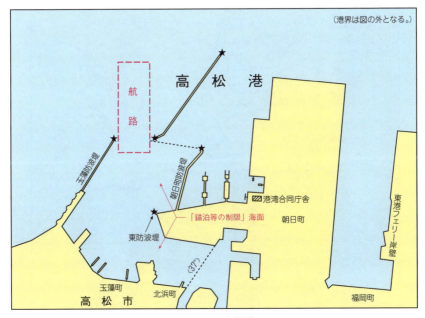

図9·20　高松港

第 8 節　高知港

（航行に関する注意）
第 43 条　総トン数 1,000 トン（油送船にあっては，500 トン）以上の船舶は，高知港御畳瀬灯台（北緯 33 度 30 分 26 秒東経 133 度 33 分 34 秒）から 90 度に引いた線以南の航路（以下この項及び別表第 4 において「高知

図 9・21　高知港

第2章 各 則　179

水路」という。）を航行して入航し，又は出航しようとするときは，法第
38条第2項各号に掲げる事項（同項第3号に掲げる事項は，入航しよう
とするときにあっては高知水路入口付近に達する予定時刻とし，出航しよ
うとするときにあっては運航開始予定時刻とする。）を，それぞれ入航予
定日又は運航開始予定日の前日正午までに港長に通報しなければならな
い。

2　前項の事項を通報した船舶は，当該事項に変更があったときは，直ち
に，その旨を港長に通報しなければならない。

第9節　博多港

(特定航法)

第44条　博多港において，中央航路を航行する船舶と東航路を航行する船舶とが出会うおそれのある場合は，東航路を航行する船舶は，中央航路を航行する船舶の進路を避けなければならない。

図9・22　博多港

第2章　各　則　　　　　　　　　　　　　　　　　　　181

第10節　長崎港

(縫航の制限)

第45条　帆船は，長崎港第1区及び第2区を縫航してはならない。

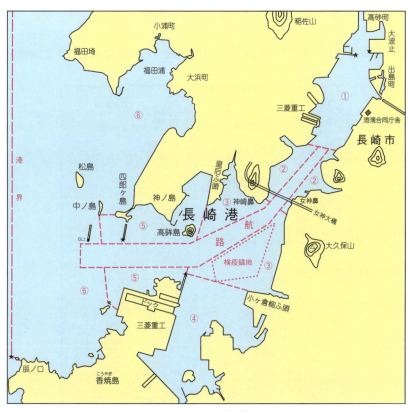

図9・23　長崎港

第11節　佐世保港

(航行に関する注意)

第46条　総トン数500トン以上の船舶は，金比羅山山頂（101メートル）から高崎鼻まで引いた線以西の航路（以下この項及び別表第4において「佐世保水路」という。）を航行して入航し，又は出航しようとするときは，法第38条第2項各号に掲げる事項（同項第3号に掲げる事項は，入航しようとするときにあっては佐世保水路入口付近に達する予定時刻と

図9・24　佐世保港

第2章　各則

し，出航しようとするときにあっては運航開始予定時刻とする。）を，それぞれ入航予定日又は運航開始予定日の前日正午までに港長に通報しなければならない。

2　前項の事項を通報した船舶は，当該事項に変更があったときは，直ちに，その旨を港長に通報しなければならない。

第12節　細島港

（停泊の制限）

第47条　日向製錬所護岸北東端から84度500メートルの地点まで引いた線（以下この節において「A線」という。），東ソー日向株式会社護岸南

図9・25　細島港

東端（北緯32度26分28秒東経131度38分59秒）から129度300メートルの地点まで引いた線（以下この条において「B線」という。）及びB線以北の陸岸により囲まれた海面においては，船舶を他の船舶の船側に係留してはならない。

2　B線及び陸岸により囲まれた海面並びに番所鼻東端から0度に引いた線（以下この節において「C線」という。）及び陸岸により囲まれた海面（漁船船だまりを除く。次条において同じ。）において，船舶を他の船舶の船側に係留するときは，3縦列を超えてはならない。

3　総トン数500トン以上の船舶は，前二項に規定する海面においては，船尾のみを係留施設に係留してはならない。

【注】あらかじめ港長の許可を受けた場合については，上記第47条の規定は，適用しない。（則第21条第2項）

（びょう泊等の制限）

第48条　船舶は，A線及び陸岸により囲まれた海面（航路を除く。）並びにC線及び陸岸により囲まれた海面においては，次に掲げる場合を除いては，びょう泊し，又はえい航している船舶その他の物件を放してはならない。

(1)　海難を避けようとするとき。

(2)　運転の自由を失ったとき。

(3)　人命又は急迫した危険のある船舶の救助に従事するとき。

(4)　法第31条の規定による港長の許可を受けて工事又は作業に従事するとき。

第13節　那覇港

（びょう泊等の制限）

第49条　船舶は，那覇港新港第1防波堤南灯台（北緯26度13分27秒東経127度39分6秒）から128度1,445メートルの地点から309度785メートルの地点まで引いた線，同地点から219度300メートルの地点まで引いた線，同地点から那覇港右舷灯台（北緯26度12分48秒東経127度39分47秒）まで引いた線及び陸岸により囲まれた海面並びに国場川明治橋下流の河川水面（次条第1項及び別表第4において「那覇水路」という。）においては，次に掲げる場合を除いては，びょう泊し，又はえい航してい

図9・26 那覇港

る船舶その他の物件を放してはならない。
(1) 海難を避けようとするとき。
(2) 運転の自由を失ったとき。
(3) 人命又は急迫した危険のある船舶の救助に従事するとき。
(4) 法第31条の規定による港長の許可を受けて工事又は作業に従事するとき。

(航行に関する注意)
第50条 総トン数500トン以上の船舶は，那覇水路を航行して入航し，又は出航しようとするときは，法第38条第2項各号に掲げる事項（同項第3号に掲げる事項は，入航しようとするときにあっては那覇水路入口付近に達する予定時刻とし，出航しようとするときにあっては運航開始予定時

刻とする。）を，それぞれ入航予定日又は運航開始予定日の前日正午までに港長に通報しなければならない。

2 前項の事項を通報した船舶は，当該事項に変更があったときは，直ちに，その旨を港長に通報しなければならない。

附　則　（略）

別表第1（則第3条関係）**港区**（§2-2 参照）

別表第2（則第8条関係）**航路**（§3-1 参照）

別表第3（則第20条関係）**進水等の届出**（§7-3 参照）

別表第4（則第20条の2関係）**船舶交通の制限等**（§7-10 参照）

別表第5（則第20条の3関係）**港長による情報の提供**（§7-12の2参照）

別表第6（則第20条の6関係）**異常気象等の発生時における情報の提供等**（§7-12の4参照）

187

海技試験問題

1. 総則

問題 汽艇等の定義を述べよ。 (三級)

ヒント 第3条第1項

問題 特定港とは，どんな港か。 (五級，四級)

ヒント §1-5

2. 入出港及び停泊

問題 入出港の届出を要しない船舶は，どんな船舶か。 (三級)

ヒント §2-1(2)

問題 港則法の「びょう地」に関する次の規定について，下記の問いに答えよ。

> 国土交通省令の定める船舶は，国土交通省令の定める特定港内に停泊しようとするときは，けい船浮標，さん橋，岸壁その他船舶がけい留する施設にけい留する場合の外，港長からびょう泊すべき場所の指定を受けなければならない。

(1) 「国土交通省令の定める船舶」とは，どのような船舶か。

(2) 「国土交通省令の定める特定港」をあげよ。 (三級)

ヒント (1) 総トン数500トン（関門港若松区においては，総トン数300トン）以上の船舶（阪神港尼崎西宮芦屋区に停泊しようとする船舶を除く。）（法第5条第2項，則第4条第1項）

(2) 京浜港，阪神港，関門港（則第4条第3項）

問題 次の(ア)〜(キ)のうちから港長のびょう地指定を受けなければならない特定港を選び，記号で答えよ。

(ア) 函館港 　(イ) 京浜港 　(ウ) 千葉港

(エ) 長崎港 　(オ) 広島港 　(カ) 四日市港

(キ) 阪神港（尼崎西宮芦屋区に停泊する船舶を除く。） (三級)

ヒント (イ)(キ)（則第4条第3項）

問題 修繕中又は係船中の船舶は，特定港内においては，どこに停泊しなければならないか。また，港長は危険を防止するため必要があると認めるときは，修繕中又は係船中の船舶に対し，どんなことを命ずることができるか。 (二級)

ヒント ① 港長の指定する場所（第7条第2項）
② 必要な員数の船員の乗船（第7条第3項）

問題 港内において船舶がみだりに錨泊又は停留してはならない場所はどこか。
(四級，三級)

ヒント §2-11(1)

問題 港内に停泊する船舶は，暴風雨が来るおそれのあるときは，どのような準備をしなければならないか。 (二級)

ヒント ① 適当な予備錨を投下する準備（§2-11(2)）
② 蒸気の発生その他直ちに運航できるように準備（汽船）

3. 航路及び航法

問題 港則法に定める特定港に出入し，又は特定港を通過するには，国土交通省令の定める航路によらなければならないが，次の各場合には，どのように入るようにしなければならないか。
(1) 航路の入口から航路に入る場合　(2) 航路の途中から航路に入る場合
(三級)

ヒント §3-1(2)

問題 航路内において投錨が許されるのは，どんな場合か。 (二級)

ヒント 第12条

問題 航路における航法を述べよ。 (四級，三級)

ヒント 第13条

問題 特定港の航路への出入及び航路内航行の場合に守らなければならない航法規定を述べよ。 (四級)

ヒント 第13条

問題 右図に示すように，港則法に定められた特定港を出航する甲動力船（総トン数2,000トン）とⒷ錨地に向かう乙動力船（総トン数550トン）及びⒶ錨地に向かう丙汽艇とがそのまま進行すれば×地点で衝突するおそれがあるとき，甲，乙及び丙は，それぞれどのような航法をとらなければならないか。 (四級)

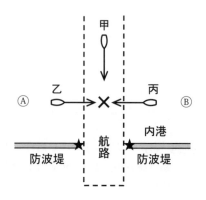

ヒント 2船でなく，3船の間において

海技試験問題　　　189

衝突のおそれがある特殊な状況の場合であるから，各船は互いに他の船舶の動静に注意し，早期に適切な衝突回避の動作をとることが基本である。（§3-3，§3-14）

甲船　①　航路航行船であるから，乙・丙の動静に注意して進行する。

　　　②　乙と丙が衝突回避の動作をとらないとき，警告信号（疑問信号）を行う。

　　　③　乙と丙が適切な動作をとらないことが明らかになったとき，衝突回避動作をとる。

乙船　①　航路を横切る船舶であるから，航路内の甲に対し減速などして甲をやり過ごし，衝突のおそれを解消する。

　　　②　同時に，汽艇等である丙の動静に注意して，甲との衝突のおそれがなくなった後は，距離にもよるが，保持船の立場で進行して，Ⓑ錨地に向かう。

　　　③　丙が十分に衝突回避の動作をとらないときは，警告信号を行う。

丙船　①　汽艇等であるから，減速・右転などして航路航行の甲との衝突のおそれを解消し，乙の動静に注意する。

　　　②　甲との衝突のおそれがなくなった後は，乙を十分に離して，Ⓐ錨地に向かう。

問題　特定港の航路内を航行中の汽船Ａ丸（総トン数600トン）と，その右げん前方から航路内に入ろうとする汽船Ｂ丸（総トン数3,000トン）とが，衝突のおそれがあるときは，どちらの船が避航しなければならないか。また，それはなぜか。　　　　　　　　　　　　　　　　　　　　　　　（五級）

ヒント　Ｂ丸。〔理由〕Ａ丸は航路航行船であり，Ｂ丸は航路外から航路に入ろうとする船舶であるから，法第13条第1項による。

問題　特定港の航路を航行している船舶が，航路内で他の船舶と行き会うときは，どうしなければならないか。また，航路内における並列航行及び追越しについて述べよ。　　　　　　　　　　　　　　　　　　　　　　　　　　（五級）

ヒント　①　右側を航行，短音1回の操船信号

　　　　②　第13条第2項・第4項

問題　航路外から航路に入り，又は航路から航路外に出ようとする場合を除き，航路を航行する船舶は，原則としてどんな航法を守らなければならないか。　　　　　　　　　　　　　　　　　　　　　　　　　　　　　　（三級）

ヒント　①　船舶は，航路内においては，並列して航行してはならない。

　　　　②　船舶は，航路内において，他の船舶と行き会うときは，右側を航行しなけ

190 海技試験問題

　　ればならない。

　　③　船舶は，航路内においては，他の船舶を追い越してはならない。
　　　（§3-3）

問題　港則法第13条では「船舶は，航路内においては，他の船舶を追い越しては
　　ならない。」と規定するが，航路内での追越しが認められる航路があれば述べ
　　よ。また，どのような要件を満たせば他の船舶を追い越すことができるか。

　　　　　　　　　　　　　　　　　　　　　　　　　　　　　　　　　（三級）

　　ヒント　東京西航路，名古屋港東航路・西航路（屈曲部を除く）・北航路，広島港の航
　　　路，関門航路（早鞆瀬戸水路を除く）

　　　〔要件〕　①　当該他の船舶が自船を安全に通過させるための動作をとることを
　　　　　　　　　必要としないとき。

　　　　　　　②　自船以外の船舶の進路を安全に避けられるとき。

　　　　　　　（第19条第1項，則第27条の2第1項，則第29条の2第1項，則第
　　　　　　　35条，則第38条第2項，§3-20(1)～(4)）

問題　港則法第14条の規定は，航路を航行し，又は航行しようとする船舶に対し，
　　航路外待機を指示することについて定めているが，次の問いに答えよ。

(1)　航路外待機を指示するのは誰か。

(2)　上記(1)の指示は，どのような場合に出されるか。

(3)　上記(1)の指示は，どんな連絡手段で行われるか，具体例を1つあげよ。

　　　　　　　　　　　　　　　　　　　　　　　　　　　　　　　　　（三級）

　　ヒント　(1)　港長

　　　(2)　地形，潮流その他の自然的条件及び船舶交通の状況を勘案して，航路航行
　　　　　船に危険を生ずるおそれがある場合（国土交通省令は，具体例を示してい
　　　　　る。）（§3-6の2）

　　　(3)　VHF無線電話その他の適切な方法

問題　港則法第14条（航路外での待機の指示）の規定について，港長は，関門港
　　の関門航路の航行船に対して，どんな場合に，航路外で待機すべき旨を指示
　　することができるか。具体例を1つあげよ。　　　　　　　　　　**（五級）**

　　ヒント　①　視程が500メートル以下である場合

　　　②　早鞆瀬戸において潮流を溯って航路を航行する船舶が潮流の速度に4ノッ
　　　　トを加えた速力（対水速力）以上の速力を保つことができずに航行するおそ
　　　　れがある場合

　　　（則第8条の2）

問題　図(1)及び(2)に示すように，港則法に定める特定港内の × 点付近において，

2隻の動力船が衝突するおそれがあるとき，どちらの船が他船の進路を避けなければならないか，それぞれの場合について理由を付して述べよ。ただし，各船とも総トン数600トンの汽船である。　　　　　　　　　　　　　　**(四級)**

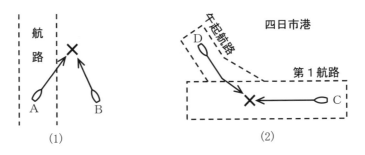

ヒント (1) A船。〔理由〕A船は航路から航路外に出ようとする船舶であり，B船は航路外から航路に入ろうとする船舶であるから，港則法に適用すべき航法規定がない。したがって，一般法である予防法の第15条（横切り船）による。

(2) D船。〔理由〕両船は600総トンであるから，第18条第1項・第2項は関係ない。数字旗1は掲げる。特定航法（則第29条の4）による。

（§3-31(2)）

問題 防波堤の外で，入航する汽船が出航する汽船の進路を避けなければならないのは，どのようなときか。　　　　　　　　　　　　　　　　　　**(四級)**

ヒント 第15条

問題 港則法第15条の規定について：

> 第15条　汽船が港の防波堤の入口又は入口附近で他の汽船と出会う虞のあるときは，入航する汽船は，防波堤の外で出航する汽船の進路を避けなければならない。

(1) この規定は，本法に定める特定港においてのみ適用されるかどうかについて述べよ。

(2) 「入航する」及び「出航する」の意味をそれぞれ説明せよ。　　　　**(二級)**

ヒント (1) 特定港のみでなく，港則法の適用港全部（§3-7）

(2) §3-7

問題 右図のように，港則法に定める特定港内で，総トン数500トンを超える甲，乙2隻の汽船が，防波堤の入口付近で衝突のおそれがある場合，甲，乙両船は，それぞれどのような航法及び処置をとらなければならないか。　**(四級)**

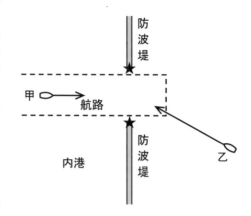

ヒント (1) 第15条（防波堤入口付近の航法）

(2) 甲船：針路・速力保持，乙の動静に注意，必要ならば警告信号（疑問信号）を行う。状況により保持船のみによる衝突回避動作，最善の協力動作をとる。操船信号を行う。

乙船：防波堤の外で甲を避航，必要ならば操船信号や警告信号を行う。切迫した危険を避けるための措置をとる。

問題 次の(1)及び(2)は，それぞれ港則法の規定であるが，□□内に適合する語句を記号とともに記せ。

(1) 船舶は，航路内においては，　(ア)　　して航行してはならない。

(2) 船舶は，港内においては，防波堤，ふとうその他の工作物の突端又は停泊船舶を　(イ)　に見て航行するときは，できるだけこれに近寄り，　(ウ)　に見て航行するときは，できるだけこれに遠ざかって航行しなければならない。　**(三級)**

ヒント (ア) 並列　(イ) 右げん　(ウ) 左げん

問題 港内又は港の境界付近において，他船に危険を及ぼさないような速力で航行しなければならないのはなぜか。　**(四級)**

ヒント §3-11

問題 港内において，防波堤の突端を航過する場合の航法を述べよ。　**(五級)**

ヒント 第17条

問題 「右小回り，左大回り」の航法を述べよ。　**(五級，四級)**

ヒント 第17条

問題 （一）右図のような特定港において，A方面に向かう予定の甲動力船（総トン数 1,000 トン）と出航する乙動力船（総トン数 1,500 トン）とが，図示のように航行して×点で衝突した。

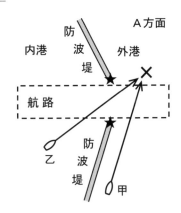

このような場合，両船に対し，次の航法規定の適用があるかどうか，理由を付して述べよ。

(1) 港則法第 13 条第 1 項　航路内航行船と航路出入船との航法
(2) 港則法第 15 条　港の防波堤の入口又は入口付近における航法
(3) 港則法第 17 条　防波堤の突端付近等における航法
(4) 海上衝突予防法第 15 条　横切り船の航法

（二）港則法の規定により港長からびょう地の指定を受けなければならない特定港を次の㋐～㋜の中から選び記号で答えよ。

㋐ 小樽港　　㋑ 室蘭港　　㋒ 函館港
㋓ 千葉港　　㋔ 京浜港　　㋕ 四日市港
㋖ 名古屋港　㋗ 阪神港（尼崎西宮芦屋区を除く。）
㋘ 広島港　　㋙ 高松港　　㋚ 関門港
㋛ 長崎港　　㋜ 博多港　　㋝ 佐世保港

(三級)

ヒント　（一）(1) 適用なし。〔理由〕甲は航路航行船でなく，乙も航路を斜航して航路外に出る船舶で航路航行船でないから。（§3-3）

(2) 適用なし。〔理由〕乙は出航汽船であるが，甲は入航汽船でないから。（§3-7）

(3) 適用なし（と考えるべきである）。〔理由〕乙は，航路が存在する防波堤の入口では，その全幅を利用して安全に通過すべきであり，甲は防波堤（突端）にほぼ平行に航行している場合であり，船員の常務として，防波堤より十分に遠ざかって出航船の航行を妨げてはならないから。（§3-13）

(4) 適用あり（ただし，十分な注意義務を必要とする）。〔理由〕港則法の航法規定で適用する航法がないから，一般法である予防法の規定による。横切り船の航法ではあるが，単なる横切り関係ではなく，甲は防波堤に接航し過ぎており，また乙は航路に沿わずに入口を斜航しているこ

とから，両船ともシーマンシップに反する動作をとっている。両船とも
十分な注意を払って航行しなければならない。

(二) (オ)(ク)(サ)（則第4条第3項）

問題 汽艇等の航法を述べよ。 （五級，四級，三級）

ヒント 汽艇等は，港内においては，汽艇等以外の船舶の進路を避けなければならな
い。（第18条第1項）

問題 港則法の第13条第1項（航路出入船の避航義務）と第18条第1項（汽艇
等の避航義務）との優先関係はどうなるか。 （三級，二級）

ヒント 第18条第1項が優先。（§3-14(2)2.）

問題 小型船とは，どんな船舶か。法第18条第2項にどのように定めているか。
（三級，二級）

ヒント 総トン数が500トンを超えない範囲内において国土交通省令で定めるトン数以
下である船舶であって汽艇等以外のもの。（§3-15）

問題 小型船の航法を述べよ。 （四級，三級）

ヒント 小型船は，国土交通省令で定める船舶交通が著しく混雑する特定港内におい
ては，小型船及び汽艇等以外の船舶の進路を避けなければならない。（§3-15）

問題 右図のような場合は，どちら
が避航船となるか。また，その
場合，どのような航法規定が適
用されるか。 （四級）

ヒント ① 汽艇等

② 第18条第1項

問題 国土交通省令で定める船舶交通が著しく混雑する特定港を列挙せよ。
（五級，四級）

ヒント ①千葉港，②京浜港，③名古屋港，④四日市港（第1航路及び午起航路に限
る。），⑤阪神港（尼崎西宮芦屋区を除く。），⑥関門港（響新港区を除く。）

問題 国土交通省令で定める船舶交通が著しく混雑する特定港のうち，汽艇等以
外の船舶であって総トン数が次の (ア) 以下のもの及び (イ) 以下のものが「小型
船」とされている特定港を，それぞれ1港ずつあげよ。

(ア) 500トン（最大）

(イ) 300トン（最大） （五級，四級，三級）

ヒント (ア)阪神港（尼崎西宮芦屋区を除く。）

(イ)関門港（響新港区を除く。）

問題 国土交通省令で定める船舶交通が著しく混雑する特定港において，小型船

海技試験問題　　　　　　　195

及び汽艇等とこれら以外の船舶との識別は，何でするか。

（五級，四級，三級）

ヒント 数字旗「1」（§3-16）

問題 港則法施行規則に定める特定航法について次の問いに答えよ。

(1) 名古屋港において，一定の条件を満たした場合に他の船舶を追い越すことが認められるのは，どの航路，どの区域か。

(2) 上記(1)の一定の条件とはどんなものか。

(3) 関門港の早鞆瀬戸を西行しようとする総トン数100トン未満の汽船が門司埼に近寄って航行する特定航法を述べよ。また，同トン数未満の東行する汽船の特定航法を述べよ。

（二級）

ヒント (1) ① 東航路（全区域）

② 西航路（屈曲部（図3・33参照）を除く。）

③ 北航路（全区域）（§3-20(2)）

(2) 東京西航路の追越しの条件と同じ。（§3-20(1)1.）

(3) ① できるだけ門司埼に近寄って航行し，他の船舶と行き会ったときは，右舷を相対して航過しなければならない。（則第38条第1項第3号）

② 関門航路をできる限り，航路の右側を航行し，また上記①の西行する総トン数100トン未満の汽船を常に右舷に見て航過しなければならない。（東行する汽船には，100総トン未満やそれ以上など大きさの区別はない。）（同項第1号・第4号）

問題 関門航路において，船舶が他の船舶を追い越すことができるのはどのような要件を満たす場合か。また，同航路において，他の船舶を追い越してはならない区間はどこか。

（三級）

ヒント §3-20(4)，早鞆瀬戸水路（図3・33の2）

問題 関門港の航路において，法第13条第3項（航路内の行き会うときの右側航行）に関する特定航法が定められているところがあるが，それはどの航路か，1つあげよ。また，その航路の特定航法を述べよ。

（三級）

ヒント （次に掲げる(1)，(2)又は(3)のいずれか1つ）

(1) ① 関門航路，関門第2航路（いずれか1つ）

② 汽船は，できる限り，航路の右側を航行しなければならない。

（§3-19(2)）

(2) ① 関門航路（門司埼付近）

② 早鞆瀬戸を西行しようとする総トン数100トン未満の汽船は，できる限り門司埼に近寄って航行することができる。この場合に，他の船舶と

196 海技試験問題

行き会ったときは，右舷を相対して航過しなければならない。
（§3-19(3)）

　この汽船は，関門航路の門司埼付近において，同航路の左側を航行す
ることになる。

(3) ①　若松航路及び奥洞海航路

　②　総トン数500トン以上の船舶は航路の中央部を，その他の船舶は，航
路の右側を航行しなければならない。
（§3-19(4)）

問題　関門港の田野浦区から関門航路によろうとする汽船は，どのように同航路
に入航しなければならないか，その特定航法（港則法施行規則）を述べよ。

(二級)

ヒント　端的にいえば，32号ブイ以東から入航しなければならない。（§3-29）

問題　関門港においては，潮流と航行速力との関係について，どのように規定さ
れているか。　　　　　　　　　　　　　　　　　　　　　　　　(二級)

ヒント　潮流を遡り早鞆瀬戸を航行する汽船は，潮流の速度に4ノットを加えた速力以
上の速力を保たなければならない。（則第38条第1項第5号）

問題　関門港の早鞆瀬戸において，汽船が潮流を遡り航行する場合は，どんな速
力を保持しなければならないか。また，港長は，その場合に当該船舶が規定
の速力を保つことができずに航行するおそれのある場合には，どんなことを
指示することができるか。　　　　　　　　　　　　　　　　　(四級)

ヒント①　潮流の速度に4ノットを加えた速力以上の速力（§3-30）

　②　必要な間，航路外で待機することを指示することができる。（§3-30【注】）

問題　航路と航路とが接続しているところを1つあげ，両航路の航行船が出会う
おそれのある場合の避航に関する優先関係を述べよ。　　　　　(二級)

ヒント①　四日市港の第1航路と午起航路との接続

　②　午起航路航行船が第1航路航行船を避航

（§3-31(2)）

問題　一定の特定港を航行するとき，進路を表示する信号（告示）を掲げること
が定められているが，その信号に，(1)第1代表旗を冠したものと(2)第2代
表旗を冠したものがあるが，それらは，原則として，それぞれ何を意味する
か。　　　　　　　　　　　　　　　　　　　　　　　(四級，三級)

ヒント(1)　出港し又は通過することを意味する。

　(2)　係留施設又は一定の錨地に向かって航行することを意味する。

（§3-32(2)【注】）

海技試験問題　　197

4. 危険物

問題　危険物を積載した船は，特定港に入港しようとするときは，どこで，何を受けなければならないか。また，同船が特定港内に停泊しようとするときは，どんな場所に停泊しなければならないか。　　　　　　　　　（五級，四級，三級）

ヒント　(1) 港の境界外で，港長の指揮を受けなければならない。（§4-1）

(2) 錨地の指定を受けるべき場合を除いて，港長の指定した場所に停泊しなければならない。（§4-2）

問題　次の文の下線部分は，港則法上「正しい」か「正しくない」かを示し，「正しくない」ものは訂正せよ。

「港長は，危険物の積込，積替又は荷卸の作業が特定港内においてされることが不適当であると認めるときは，港の境界内において適当の場所を指定してこれらの作業の許可をすることができる。」　　　　　　　　　　　　　（四級）

ヒント　正しくない → 港の境界外（§4-3(1)）

5. 水路の保全

問題　水路の保全のため，バラスト，廃油，ごみその他これに類する廃物をみだりに捨ててはならないのは，どの範囲の水面か。　　　　　　　（五級，四級，三級）

ヒント　港内又は港の境界外1万メートル以内の水面（§5-1）

問題　港則法に関する次の文の⬚内に適合する語句を記号とともに記せ。

港内又は港の境界付近において発生した海難により他の　(ｱ)　を阻害する状態が生じたときは，当該海難に係る船舶の　(ｲ)　は，遅滞なく　(ｳ)　の設定その他　(ｴ)　のため必要な措置をし，かつ，その旨を，特定港にあっては，　(ｵ)　に，……（略）……報告しなければならない。　　　　　（三級）

ヒント　(ｱ) 船舶交通　　(ｲ) 船長　　(ｳ) 標識　　(ｴ) 危険予防　　(ｵ) 港長

（第24条）

6. 灯火等

問題　港則法によると，「ろかいを用いて航行中の船舶の灯火」については，どのように規定されているか。　　　　　　　　　　　　　　　　　　（五級）

ヒント　予防法で臨時表示を認められている白色の携帯電灯又は点火した白灯は，港内においては，これを周囲から最も見えやすい場所に表示（常時）しなければならない。（第26条第1項）

問題　港内においては，汽笛やサイレンをみだりに鳴らしてはならないが，なぜ

198　　　　　　　　　　　　海技試験問題

か。 (五級)

ヒント §6-2

問題　火災が発生した船が鳴らさなければならない火災警報について：

(a) 船がどのような港にあるときに行うか。

(b) 港内航行中，停泊中ともに行うか。

(c) どのような方法で行えばよいか。 (三級)

ヒント (a) 特定港

　　　(b) 航行中を除く。

　　　(c) 汽笛又はサイレンで長音5回を適当な間隔をおいて繰り返し吹き鳴らす。

　　　（§6-4）

問題　次の文の下線部分は，港則法上「正しい」か「正しくない」かを示し，「正しくない」ものは訂正せよ。

「特定港内に停泊する船舶であって汽笛又はサイレンを備えるものは，船内において，汽笛又はサイレンの吹鳴に従事する者が見やすいところに，火災警報の方法を表示しなければならない。」 (四級)

ヒント 正しい（§6-4）

7. 雑　　則

問題　港則法によると，「漁ろうの制限」については，どのように規定されているか。 (五級)

ヒント 船舶交通の妨げとなるおそれのある港内の場所においては，みだりに漁ろうをしてはならない。(第35条)

問題　海上衝突予防法で表示することが禁止されている灯火，及び港則法でみだりに使用することが禁止されている灯火について述べよ。 (四級)

ヒント (1) 予防法

　　　① 法定灯火と誤認される灯火

　　　② 法定灯火の視認又はその特性の識別を妨げることとなる灯火

　　　③ 見張りを妨げることとなる灯火

　　　（予防法第20条第1項）

　　　(2) 港則法

　　　　港内又は港の境界付近における船舶交通の妨げとなるおそれのある強力な灯火（第36条第1項）

問題　港則法によると，「喫煙等の制限」については，どのように規定されているか。 (五級)

海技試験問題　　　　　　　　　　　　　199

ヒント 何人も，港内においては，相当の注意をしないで，油送船の付近で喫煙し，又
は火気を取り扱ってはならない。（第37条第1項）

問題　港則法に関する次の文の[　　　　]内に適合する語句を記号とともに記せ。

何人も，港内においては，[　(ア)　]をしないで，油送船の付近で[　(イ)　]し，又
は[　(ウ)　]を取り扱ってはならない。　　　　　　　　　**（五級，四級，三級）**

ヒント (ア) 相当の注意　　(イ) 喫煙　　(ウ) 火気

（第38条第1項）

問題　航路（第11条）と交通整理を行うための水路，いわゆる管制水路（第36
条の3第1項）とは，どのように異なるか。　　　　　　　　　　　　**（二級）**

ヒント §7-8【注】

問題　港則法第11条（航路による義務）の規定に違反となるような行為をした者
は，どんな刑罰を受けることになるか。　　　　　　　　　　　　　**（四級）**

ヒント 3月以下の懲役又は30万円以下の罰金（§8-1）

問題　次の文の下線部分は，港則法上「正しい」か「正しくない」かを示し，「正
しくない」ものは訂正せよ。

「港長は，特定港内又は特定港の境界付近における船舶交通の妨げとなるおそ
れのある強力な灯火を使用している者に対し，その灯火の<u>消灯</u>を命ずることが
できる。」　　　　　　　　　　　　　　　　　　　　　　　　　　**（四級）**

ヒント 正しくない → 減光又は被覆（§7-6）

問題　港内において使用してはならない灯火とは，どんな灯火か。　　**（三級）**

ヒント 第36条第1項

問題　港則法第38条の規定は，船舶交通の制限等について定めているが，国土交
通省令で定める一定のトン数又は長さ以上である船舶は，特定港の管制水路
を航行しようとするときは，港長に船舶の名称のほか，どんな事項を通報し
なければならないか，3つ述べよ。　　　　　　　　　　　　　　　**（四級）**

ヒント ① 総トン数及び長さ

② 当該水路を航行する予定時刻

③ 船舶との連絡手段

④ 船舶が停泊し，又は停泊しようとする係留施設（いずれか3つ）

（§7-9）

問題　港則法に関する次の条文の[　　　　]内に適合する語句を記号とともに記
せ。

法第39条第4項　港長は，異常な[　(ア)　]，[　(イ)　]の発生その他の事情に
より特定港内において船舶交通の危険を生ずるおそれがあると[　(ウ)　]される

200 海技試験問題

場合において，必要があると認めるときは，特定港内又は特定港の　エ　にある船舶に対し，危険の防止の円滑な実施のために必要な措置を講ずべきことを　オ　することができる。　　　　　　　　　　　　　　　　　　　（三級）

ヒント (ア) 気象又は海象　　(イ) 海難　　(ウ) 予想　　(エ) 境界付近　　(オ) 勧告
　　　（§7-11(4)）

問題　港則法は，船舶の安全な航行を援助するため，法第41条（港長が提供する情報の聴取）の規定において，港長は特定船舶に対し，同船が安全に航行するための情報を提供することを定めているが，その特定船舶とは，どんな船舶であるか述べよ。　　　　　　　　　　　　　　　　　　　　　　（二級）

ヒント §7-12の2(1)1.

問題　港則法第42条の規定は，航法の遵守及び危険の防止のための勧告について定めているが，港長はどのような場合に特定船舶に対し，進路の変更その他の必要な措置を講ずべきことを勧告することができるのか，具体例を1つあげよ。　　　　　　　　　　　　　　　　　　　　　　　　　　　　　（三級）

ヒント §7-12の3(1)

① 特定船舶が関門港内の情報提供エリアの航路及び一定の区域（第41条第1項）において適用される交通方法に従わないで航行するおそれがあると認める場合

② 他の船舶又は障害物に著しく接近するおそれその他の特定船舶の航行に危険を生ずるおそれがあると認める場合

（いずれか1つ）

著者略歴

福井　淡　（原著者）
1945年神戸高等商船学校航海科卒，東京商船大学海務学院甲類卒，1945年運輸省（現国土交通省）航海訓練所練習船教官，海軍少尉，助教授，甲種船長（一級）免許受有，1958年海技大学校へ出向，助教授，練習船海技丸船長，教授，海技大学校長，1985年海技大学校奨学財団理事，大阪湾水先区水先人会顧問，海事補佐人業務など
～ 2014年

淺木　健司　（改訂者）
1983年神戸商船大学航海学科卒，1996年同大学院商船学研究科修士課程修了，
2001年同博士後期課程修了，博士（商船学）学位取得
1984年海技大学校助手，1986年運輸省航海訓練所練習船教官，海技大学校講師，同助教授
現在：海技大学校教授

ISBN978-4-303-37869-1

図説　港則法

昭和52年5月14日　初版発行
昭和61年8月10日　改訂初版発行（通算6版）
令和 4年3月24日　改訂17版発行（通算22版）

　　　　　　　　　　　　　　　　©1977
原著者　福井　淡　　　　　FUKUI Awashi
改訂者　淺木健司　　　　　ASAKI Kenji
発行者　岡田雄希
発行所　海文堂出版株式会社　　　検印省略

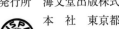

　　　　本　社　東京都文京区水道2-5-4（〒112-0005）
　　　　　　　　電話 03(3815)3291㈹　FAX 03(3815)3953
　　　　支　社　神戸市中央区元町通3-5-10（〒650-0022）
日本書籍出版協会会員・自然科学書協会会員・工学書協会会員
PRINTED IN JAPAN　　　　印刷 ディグ／製本 ブロケード

[JCOPY] <出版者著作権管理機構 委託出版物>
本書の無断複製は著作権法上での例外を除き禁じられています。複製される場合は，そのつど事前に，出版者著作権管理機構（電話 03-5244-5088，FAX 03-5244-5089, e-mail : info@jcopy.or.jp）の許諾を得てください。